向前进，困难尽处是成功
——女性如何战胜自我

李宏瑛 ◎著

不要悲，不要伤，即使还有风和浪；

向前进，莫彷徨，

风雨过后见太阳！

中华工商联合出版社

图书在版编目（CIP）数据

向前进，困难尽处是成功：女性如何战胜自我 / 李宏瑛著. — 北京：中华工商联合出版社, 2023.3
ISBN 978-7-5158-3598-3

Ⅰ.①向… Ⅱ.①李… Ⅲ.①女性-成功心理-通俗读物 Ⅳ.①B848.4-49

中国国家版本馆CIP数据核字(2023)第023359号

向前进，困难尽处是成功：女性如何战胜自我

作　　者：	李宏瑛
出 品 人：	刘　刚
责任编辑：	关山美
装帧设计：	安然设计工作室
责任审读：	付德华
责任印制：	迈致红
出版发行：	中华工商联合出版社有限责任公司
印　　刷：	三河市宏盛印务有限公司
版　　次：	2023年3月第1版
印　　次：	2023年3月第1次印刷
开　　本：	710mm*1000mm　1/16
字　　数：	200千字
印　　张：	14.75
书　　号：	ISBN 978-7-5158-3598-3
定　　价：	58.00元

服务热线：010-58301130-0（前台）
销售热线：010-58301132（发行部）
　　　　　010-58302977（网络部）
　　　　　010-58302837（馆配部）
　　　　　010-58302813（团购部）
地址邮编：北京市西城区西环广场A座
　　　　　19-20层，100044
http://www.chgslcbs.cn
投稿热线：010-58302907（总编室）
投稿邮箱：1621239583@qq.com

工商联版图书
版权所有　侵权必究

凡本社图书出现印装质量问题，请与印务部联系。
联系电话：010-58302915

前　言

　　没有一条河流是平稳地流入大海的，千折百回是河流的宿命。

　　人生就像一条蜿蜒的河流，既有平缓的粼粼波光，也有水势湍急的弯道，还有让人心惊胆跳的瀑布。它从不停下前进的脚步，总是向着前方流去，在它历经的每一处都表现了自己最美的独特的身影，在匆匆前行的每一瞬间都蕴含着动人心弦的故事。

　　人生在世，都会在选择之后错过一些什么，人、事、职业、婚姻、机遇等，这些都可能与我们擦肩而过。正因为如此，人生才显得匆匆又匆匆。人生中有无数次选择，如果你错过了太阳，请不要再错过月亮。我们需要学会释然，暂且放下沉重的包袱，向前看，往前冲。

　　不要悲，不要伤，即使还有风和浪；向前进，莫彷徨，风雨过后见太阳！

　　人一旦将目光投向前方，就会在一个更为宽广的时间维度里审视每一个苦难。纵是今日如山一样沉重的负担，在时间的长河里终归会成为一粒沙尘。如此，思想不至于走进死胡同，心灵也不至于干涸枯死。

　　既然选择了前方，便要风雨兼程。前路是平坦还是泥泞，都在意料之中。弃我去者，昨日之日不可留，乱我心者，今日之日多烦忧，长风万里送秋雁，对此可以酣高楼。

　　据说，世上只有两种动物能够登上金字塔顶，一种是老鹰，一种是蜗牛。它们是如此不同，老鹰矫健、敏捷，蜗牛弱小、迟钝，可是蜗牛仍然与老鹰一样能够到达金字塔顶端，它凭的就是永不停息、坚持向前的精神！

艰难困苦，玉汝于成。每一个生命，只要一息尚存，就有无限可能。

向前奔跑吧！

作　者
2023年1月

目 录

第一章　放下昨天，为了更加轻盈的出发

　　每天都是一个新的起点 /3
　　频频回头的人，自然走不远 /6
　　中途下车的人很多，不必耿耿于怀 /9
　　人生只有回不去，没有什么过不去 /12
　　人生就是一边拥有一边失去，一边选择一边放弃 /16
　　来路无可眷恋，值得期待的只有前方 /21

第二章　假如不能告别往事，那就告别过去的自己

　　不是放不下过去，只是走不出舒适区 /27
　　成为自己的太阳，无须凭借谁的光 /30
　　没有人天生平庸，但有人自甘平庸 /34
　　不自卑也不炫耀，不动声色地变好 /37
　　不再优柔寡断，学会当机立断 /43
　　真正的优秀是超越过去的自己 /47

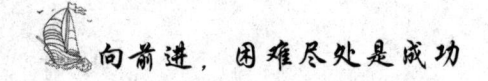

找回健康，找回精力充沛的自己 /51

第三章　遭一蹶者得一便，经一事者长一智

不管做什么事情，都要三思而后行 /57

跌倒后爬起来还不够，要弄清楚为什么跌倒 /60

吃一堑，长一智 /62

身陷逆境，多想想自己错在哪里 /66

成年人最大的智慧是及时止损 /69

花点时间去学习别人失败的经验 /73

常规道路走不通，不妨试试逆向思维 /76

第四章　人生是场漫长旅途，要有目标，更要有行程攻略

知道自己为什么而活，就可以忍受任何一种生活 /83

做对的事情，而不仅仅是把事情做对 /87

可以有梦想，但不能空想 /92

目标要一步一步实现 /95

不要把梦想推给明天 /100

第五章　所谓前途，在目所不及的远方

眼界有多大，成就就有多大 /107

宜未雨而绸缪，毋临渴而掘井 /110

永远不要忘记诗和远方 /113

莫太在意眼前得失 /116

目 录

第六章　做人当有大格局

格局就是一个人的眼界和心胸 /121

有大格局才有大事业 /125

一个人的格局，藏在他的胸襟里 /128

站在万人中央，成为别人的光 /132

第七章　日积跬步，方至千里

当你待在原地时，其实你在倒退 /137

所谓进步，就是努力做好能力以外的事 /140

你要不慌不忙，慢慢变强 /143

每天进步一点点 /147

第八章　保持热爱，奔赴山海

每一份热爱，都不应该被辜负 /153

长风破浪会有时，直挂云帆济沧海 /157

别怕路长梦远，总有星河照耀 /160

追梦的人，眼里会有光 /164

点燃你的做事热情 /168

把工作当成事业，而不是赚钱的工具 /172

第九章　做三四月的事，在八九月自有答案

眉毛上的汗水，眉毛下的泪水，你总得选一样 /179

幸运的人，都在你看不到的地方默默努力 /182

没人会嘲笑竭尽全力的人 /184

努力只能及格，拼尽全力才能赢 /188

第十章　无论天空如何阴霾，太阳一直都在

触底反弹的奇迹，不过是挣扎着撑到最后一刻 /195

与其抱怨身处黑暗，不如提灯前行 /199

总有一段路，要一边哭着一边走完 /201

就算穷途末路，也不能认输 /204

可以被打倒，但不能被打败 /207

第十一章　流年笑掷，未来可期

凡是过往，皆为序章 /213

乾坤未定，你我皆是黑马 /216

要努力呀，为了想要的生活 /220

没有人一帆风顺，但无论何时都要向前看 /223

比山高的是人，比路长的是脚 /227

01

第一章　放下昨天，为了更加轻盈的出发

有一个夜晚我烧毁了所有的记忆
从此我的梦就透明了
有一个早晨我扔掉了所有的昨天
从此我的脚步就轻盈了

————泰戈尔

第一章　放下昨天，为了更加轻盈的出发

每天都是一个新的起点

前些日子，我去北京出差，刚好我的侄子在北京五道口某高校读书，便抽空去探望了他。

我静静地在校门口等他，不一会儿，远远地看见他背着大书包向我小跑而来。"刚下课啊？"我问，随手递给他一瓶刚买的冰镇饮料。

"上午没课，我在图书馆看书来着。"侄子笑着拧开瓶盖，咕咚、咕咚地喝了一大口。

"已经是天之骄子了，还这么拼！"我打趣他。回想我读大学那会儿，只有考试前的半个月才会临时抱佛脚。

侄子是前一年参加高考的，稳定发挥，考到了现在的985院校。

那个暑假，查到成绩后，全家人都在想，一定要带孩子好好出去玩玩，毕竟辛苦读书十几年，终于迎来出头之日，非得好好放松一下不可。然而，侄子却用爸妈奖励的一万元钱，报名参加了英语六级培训班和驾校，仍然像高中时一样努力。

"成绩只能代表过去。虽然考上了理想的大学，但是身处高校云集的五道口，放眼望去到处是比我优秀的人，地铁站里与我擦身而过的可能就是某省的高考状元、清华的硕士、北大的博士……在这样的环境里，实在没有什么可自满的。"侄子半开玩笑地说，

向前进，困难尽处是成功

"我的征途是星辰大海，不能躺在功劳簿上吃老本。"

想不到这么小的孩子竟然有这种思想境界，我自叹不如。

这不禁让我想到了英国前首相劳合·乔治，他有一个习惯——随手关上身后的门。

有一天，乔治和朋友在院子里散步，他们每走过一扇门，乔治总是随手把门关上。"你有必要把这些门都关上吗？"朋友很是纳闷。

"哦，当然有。"乔治微笑着说，"我这一生都在关我身后的门。你知道吗？这是必须做的事。当你关上门的时候，也将过去的一切留在了后面，不管是美好的成就，还是让人懊恼的失误，然后，你才可以重新开始。"朋友听后，陷入了沉思中。

乔治正是凭着这种精神一步一步走向了成功。随手关上身后的门，我们才能更好地专注于眼前的事物，把更多的精力放在当下的事情中，忘记过去，让一切重新开始。

都市里常常出现这样一种现象：好多男人下班不是径直回家，而是把车停好后，在车里坐一会儿，抽支烟，平静一下心态。我的邻居小陈也是这样。有一次，我问他为什么要这样。他告诉我："工作中总有许多不如意，但家里面是我的妻子和孩子，我不能让懊恼的事情影响到我的家庭、我的生活。所以，我必须在见到他们之前，把所有的不开心全部卸掉，把所有的烦恼留在家门之外。"

是的，生活中有太多的不如意，生存的压力、生活的艰辛，像一座座大山，压垮了许多人。当所有的压力像潮水般来袭，你又如何承担？是将其扛在肩上，像蜗牛般缓步向前；还是将它们轻轻放下，勇敢地迎接明天的太阳？也许，后者是更好的答案。

第一章 放下昨天，为了更加轻盈的出发

古英格兰的一位王子接任了父亲的王位，率兵出征。临出发前，白发苍苍的老国王交给他一枚有盖子的戒指，告诫他只能在打完仗后打开看。战争出奇的顺利，新国王志得意满，准备凯旋。这时，他想起了父亲的话，打开戒指上的盖子，只见到一行字："一切都会过去。"新国王一下子醒悟过来，重整军队，谨慎行军，最后挫败了敌人的偷袭。

过去的事，也许有值得留恋的辉煌业绩，也许有追悔莫及的遗憾，但这都已经成为过去。背负着昨天痛苦、挫折、失败的阴影，无法做到豁达、坦然，只会使脚步沉重，最终阻碍事业发展；时刻把昨天的荣耀记挂在心头，也会让人骄傲自满，羁绊住前进的脚步。

我们要学会忘却过去，把所有往事当成一场落花，无论曾经是绚烂繁华还是枯萎凋零，都已归于尘土。下一个春季，还会有新的花开。只有把每一天都当成一个新的起点，才能青春永驻，充满活力地迎接新的成功。

向前进，困难尽处是成功

频频回头的人，自然走不远

2021年8月，在一次业内会议上，我遇到了之前公司的同事小慧。午餐时间她向我讲起"八卦"："知道吗，去年年底，林威被裁员了。"

我有点吃惊。

林威是我过去的领导。那时我初入职场，他是部门主任，我是他手下的菜鸟小兵。他平易近人，对部门员工都很好，经常语重心长地告诫我们："年轻人要勤奋上进。"他也常常讲起自己的辉煌历史：从本科一路到博士，顺顺利利，一直都是导师特别喜欢的学生；初入职场时，一心扑在工作上，常常加班到凌晨，甚至在办公室里准备了睡袋；工作四年就在这家人才济济的上市公司升为部门主任，是单位里最年轻的中层领导……

在我的印象里，他是一个很优秀的人，裁谁也不应该裁他。

但是从小慧的口中，我听到了关于林威的另一个版本——

林威进入公司整整十年，最初几年确实一心扑在产品研发上，所以才会那么快速升职。但是，自从做了部门主任，改为管理岗位，他渐渐失去了过去的拼劲儿。在主任的位置上，他送走了一批又一批的年轻人。原来在他手下的一些人，现在有的做了其他部门

第一章 放下昨天，为了更加轻盈的出发

的负责人，有的甚至已经做到经理一级，成了他的领导。而他还在日复一日地对着新员工回忆他的光辉历史——只是不再说自己"是单位里最年轻的中层领导"，因为他早已经不是了。

我忍不住唏嘘：原本那么优秀的一个人，却陷在过去的荣光中无法自拔，忘了走脚下的路。

诚然，人都是有感情的，回首过去路上的点滴，或于会心处微微一笑，或于悲伤处流滴眼泪。然而，无论昨天发生了什么，它都已经成为往事。死死地抓住昨天不放，只能让回忆捆缚住自己的心灵，把自己关进回忆的牢笼，折磨的只有自己。

有一个人，在他23岁时被人陷害，在监狱里待了九年。后来冤案告破，他开始了数十年如一日的反复控诉、咒骂："我真不幸，在那么年轻的时候遭受冤屈，在监狱里度过本应最美好的时光。那简直不是人待的地方，狭窄得连转身都困难，窄小的窗口几乎看不到阳光，冬天寒冷难忍，夏天蚊虫叮咬。即使将那个陷害我的家伙千刀万剐也难解我心头之恨啊！"

73岁那年，在贫困交加中，他终于卧床不起。弥留之际，牧师来到床边，对他说："可怜的孩子，去天堂之前，忏悔你在人世间的一切罪恶吧！"病床上的他依然对往事怀恨在心、耿耿于怀："我没有什么需要忏悔的，我需要的是诅咒，诅咒那些施予我不幸命运的人。"牧师问："你因受冤屈在牢房里待了多少年？"他恶狠狠地告诉了牧师。牧师长长叹了一口气："可怜的人，你真是世界上最不幸的人，对你的不幸我感到万分同情和悲痛。他人囚禁了你九年，而当你走出监狱本应获取永久自由时，你却用心底的仇

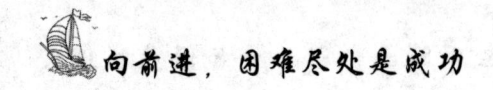

恨、抱怨、诅咒囚禁了自己41年。"

他走不出过去的回忆,一直生活在过去的阴影中,直到死亡也没能让他醒悟,这样的人无疑是可悲的。一直生活在过去的悲惨里,怨怼蒙住了他的眼睛,回忆困住了他的心灵,使他再也看不到生活重新赋予他的希望,再也品尝不到生活的甜美与芬芳,也就从此与快乐绝缘。监狱关了他9年,可回忆却捆缚了他的一生。

在漫长的人生道路上,有着太多的酸甜苦辣、太多的喜怒哀乐以及悲欢离合。过去的一切,无论好的还是坏的,都已经过去,如果我们把这一切包袱都背在身上,走得岂不太累?还怎能去体会人生其他乐趣呢?如果往事不堪回首,还硬去回首,岂不是自作自受?

总是背负着过去的包袱,就无法行走于当下的路程;走不出回忆的牢笼,心就只能被过去捆缚,品尝不到当下的甜美,一生也就只能在虚幻中度过。

我们每个人都有着对过去的回忆,或者是美好、甜蜜的,或者是悲伤、痛苦的。然而,无论是美好的还是悲伤的,过去的都已经过去了,最重要的是当下,是当下我们生活的点点滴滴、分分秒秒。

频频回头的人是走不远的。只有走出回忆的牢笼,才能走好脚下的路,才会有灿烂的明天。

第一章　放下昨天，为了更加轻盈的出发

中途下车的人很多，不必耿耿于怀

春节期间，大学同学聚会。毫无意外，袁媛又一次缺席。年过六十的班主任忍不住唏嘘：如果不是袁媛经常寄小礼物给她，她还以为这丫头人间蒸发了呢。

袁媛不仅是我的高中同学、大学同学，还是同宿舍的室友。相处的时间这么长，彼此知根知底。大学期间她交了个男朋友，叫郭煜，是我们班的同学。袁媛是老师喜欢的学生之一，聪明、勤奋、做事认真负责，交给她的任务都能很好地完成。然而毕业三年，同学聚会她只参加过几次——在还未与郭煜分手的时候。

他们从大一就开始交往，一切都显得那么顺利，见过双方父母，就等着拿到毕业证，然后就去领结婚证。

我至今都记得毕业典礼那天，郭煜单膝跪地求婚时，袁媛的笑靥如花，眼睛里仿佛闪烁着美丽的星星。

半年以后，就在所有人都问他们要喜酒喝的时候，却收到了郭煜准备出国深造的消息。而彼时袁媛刚刚入职一家企业，每天忙得昏天黑地。

后来的故事，就像那些异地恋的情侣一样，遥远的爱情敌不过触手可及的温馨。

他俩分手那天，我陪袁媛一起回到母校，在那块当初她被求

婚——如今已草枯冰冻的操场上，坐在地上看了半宿的星星，喝光了一提啤酒。她述说着他们俩的故事，从第一次见面时郭煜洁白的虎牙和亮闪闪的眼睛，一直讲到最后一通越洋电话两端的泣不成声。他说"对不起"，但她没有说"没关系"。

四年的爱情，没有败给时间，却输给了距离。

自此，便很少能在集体聚会中见到袁媛的身影，她像是有意在躲避那些回不去的时光。好在我和她都留在母校所在的城市，倒是常常可以见面。

这几年，我知道她过得并不轻松，事业起步阶段，工作压力巨大，加班到晚上八九点是常有的事。然而天道并没有酬勤，她所在的并非核心部门，虽然她已经升为主管，但是到手的工资还不如业务部门刚入职的应届生多。看着她工资到账提醒短信中显示的金额，我常笑她侮辱了名校毕业生的头衔。看她笑得没心没肺，我也就放心了。

这么多年，她一直单身。不是没有男孩子示好，但她都说不急。我以为，她还放不下过去的人。

聚会结束后，我第一时间约袁媛见面，迫不及待地告诉她两个重磅消息：一是郭煜回国了，准备回母校任教；二是他目前单身。

我以为她至少该有一些激动，或者伤感，或者喜悦——随便什么情绪起伏都好。然而现实是她一边喝着热可可一边睁着大眼睛好奇地看着我，说："然后呢？"

"什么然后？他回来了，而且单身，你们又有机会啦！"

"就这？"她一脸失望，好像是听了一个无趣的八卦。

我以为她会装模作样地说早忘了他，但是她告诉我，他们曾经的爱情很美好，她会永远记得青春年少时的心跳和悸动，也会记得

第一章　放下昨天，为了更加轻盈的出发

那个给过她真挚爱恋的男孩子。但是那些都过去了，过去的人留在过去的时光，定格在回忆里。

他俩分手后的半年，她确实频频回头看，看电脑里储存的合照，看他的网络社交动态。但是这些有什么意义呢？看到曾经的幸福，她会失落；看到他新近发布的十指紧扣的照片，她会难过。

她用了很长时间才想通，人生就像一场旅途，有很多人会中途下车，但是下一站还会有新的人上车——即使没有，也有沿途的风景相伴，并不凄苦。

"那你为什么还单身，追你的男生那么多，就没一个看得上的？"我不死心地继续追问。

"因为没时间谈恋爱呀！"她告诉我，最近几年，工作之余先是读了在职硕士研究生，最近又考上了另一所学校的博士研究生，只等九月份入学，准备近期就向单位提交辞职信。

"你现在的工作稳定，待遇好，虽说工资不高，但是也够用了。这可是很多人挤破了脑袋都想进的单位，辞了不可惜吗？"我有点替她惋惜。

但她说，人要向前看的，不能总是沉湎于过去。不论对感情还是对工作，都是如此。只有不断放下不好的、不适合的，才能空出手来迎接命运赠予的新的礼物。

"中途下车的人很多，不必耿耿于怀。"她喝光了杯子里已经冷却的可可，看向窗外，眼睛依然如星星般闪耀。从她的眼睛里，我看到了映出的落日红霞；而她看到的，或许是明天日出的光芒万丈。

人生只有回不去，没有什么过不去

疫情改变了很多人的生活，我表哥一家就是其中之一。原本生意红火的小店，忽然之间变得门可罗雀。勉强坚持了一年之后，在2021年初，他们最终决定关掉那个北方小城里的门店，举家迁往海南三亚。

上有年过六旬的父母，下有小学在读的女儿，能操持事务的只有表哥表嫂两个人。

初到三亚，一切都是新鲜的，即使蜗居在城郊一隅。表嫂不时会在微信朋友圈里发一些照片和短视频——租来的老旧房子、小侄女打扫卫生的背影、嘈杂凌乱的小巷、选在农贸市场附近的狭小门店……

有亲戚在家族群里感叹："在老家多好，何必去那么远的地方找苦吃？"

但是，在外漂泊多年讨生活的我完全能够理解，家乡之于我们，不是不想回，而是回不去。这个北方的四线小城，连续多年人口净流出，如今再受疫情影响，实在难以为继。我们需要去经济更发达一些的地区，多赚一点钱，给父母养老，供孩子读书。其中艰辛自不待言，然而别无选择。

后来，得知他们加盟了某品牌快餐店，重新装修了铺面，生意越做越红火；再后来，他们又请了服务员和厨房帮工，不再是原来

第一章 放下昨天，为了更加轻盈的出发

的夫妻店。

尽管收入增多，店里也有了更多帮手，但是全家人的辛苦一点儿没减少。店要开到凌晨两点才能打烊，打扫卫生、清理厨房，一系列操作下来，关门离店已是凌晨三点多。夫妻二人骑着电动车回到租住的小房子，天也就快亮了。匆匆洗漱睡觉，早晨八点多还要起床去准备当天的食材。而孩子的上下学接送和一日三餐，全由年迈的父母承担。好在孩子乖巧懂事、勤奋好学，从不给家里添麻烦，期末考试还能捧回漂亮的成绩单和三好学生的奖状。

就这样，生活慢慢地变好。虽然家乡回不了，但日子还要过下去。也许偶尔会忆起过去安逸自在的生活，但是既然回不去，就要往前走。

我们只有活在当下，和过去——过去的荣耀、过去的幸福、过去的甜蜜、过去的悲伤——说再见，才能轻松面对当下的生活。

1954年，巴西的男女老少几乎一致坚信巴西足球队会成为那届世界杯赛的冠军。然而，在比赛中，巴西队却意外地输给了匈牙利队，无缘半决赛，没能将那个金灿灿的奖杯带回巴西。

球员们比任何人都更明白足球是巴西的国魂。他们懊悔至极，感到没脸回到祖国。他们知道，球迷们难免会对他们辱骂、嘲笑和扔汽水瓶。

当飞机进入巴西领空的时候，球员们更加心神不安，如坐针毡。可是，当飞机降落在机场上，他们眼前却是另一番景象：巴西总统和两万多名球迷默默等候，人群中有一条横幅格外醒目："这已经是过去！"球员们顿时泪流满面，低垂的头抬了起来。

四年后，巴西足球队不负众望，赢回了世界杯冠军。当巴西足

向前进，困难尽处是成功

球队的专机一进入国境，16架战斗机为之护航。当飞机降落在道加勒机场时，聚集在机场上欢迎的有多达三万人。从机场到首都广场将近20公里的道路两边，自动聚集起来的人超过100万。这是多么激动人心的场面！

人群中又出现了四年前的那条横幅："这已经是过去！"球员们慢慢地把高高扬着的头低了下来。

和昨天说再见，是悲伤，就要把悲伤忘记，重整旗鼓，重新上路；是成功，就要及时把荣耀卸下，让一切归零，重新回到起点，开始下一站的征程。

和昨天说再见，不管是成功也好，失败也罢，都只能成为我们前行路上的一个个沉重的包袱，不卸下这一个个沉重的包袱，那只会让我们前进的脚步越来越沉，让人越来越累。

人生不可逆转，时光不能倒流。在过去的人生道路上我们难免留下遗憾，偶尔回头去想想那些经历过的失误，也许对我们以后的人生、心态、行为，可以有一些纠正和指引作用；但是沉溺于过去的痛苦之中，只会阻碍我们前进的脚步。

泰国有个企业家，他把所有的积蓄和银行贷款全部投资在曼谷郊外一个设有高尔夫球场的15幢别墅里。但没想到，别墅刚刚盖好时，时运不济的他却遇上了亚洲金融风暴，别墅一幢也没有卖出去，连贷款也无法还清。企业家只好眼睁睁地看着别墅被银行查封拍卖，甚至连自己安身的居所也被拿去抵押还债了。

情绪低落的企业家完全失去斗志，他怎么也没料到，从未失手过的自己，居然会陷入如此困境。他承受不起此番沉重打击，在他

第一章 放下昨天，为了更加轻盈的出发

眼里，只能看到现在的失败，更不能忘记以前所拥有过的辉煌。

有一天，吃早餐时，他觉得太太做的三明治味道非常不错，忽然他灵光一闪，与其这样落魄下去，不如振作起来，通过卖三明治重新开始。

当他向太太提议从头开始时，太太也非常支持，还建议丈夫亲自到街上叫卖。企业家经过一番思索，终于下定决心行动。从此，在曼谷的街头，每天早上大家都会看见一个头戴小白帽，胸前挂着售货箱的小贩，沿街叫卖三明治。"昔日的亿万富翁，今日沿街叫卖三明治"的消息，很快传播开来，购买三明治的人也越来越多。这些人中，有的是出于好奇，有的是因为同情，更多人是因为三明治的独特口味慕名而来。从此，三明治的生意越做越大，企业家很快走出了人生困境。

这个企业家叫施利华。他以不屈不挠的奋斗精神，获得了泰国人民的尊重，后来更被评为"泰国十大杰出企业家"之一。

其实每个人都一样，只有彻底地摆脱了过去，才能更有勇气接受当下的一切，才有可能开始新的生活。

人生只有回不去，没有什么过不去。就像一早打开手机翻看朋友圈，刷到表嫂发布的在农贸市场采购食材的喧闹景象，我知道：热气腾腾的新一天，又开始了。

人生就是一边拥有一边失去，一边选择一边放弃

2021年6月，接种完第二针新冠疫苗，志楠就踏上了飞往墨尔本的飞机。送他回来的路上，我接到了菲菲的电话。

"他又去墨尔本了？"

"嗯。"

电话那头轻叹一口气后，是长久的安静，而我不知道该如何安慰。

志楠是我的发小，小我三岁，我们两家是世交，而菲菲是我的大学室友。大四那年，他们在我的生日会上相识，并走到了一起。

他们的恋情并不被双方父母所接受，原因是女大男小，而且家境相差甚远。

志楠的母亲是大学教授，父亲是小有成就的商人，家境殷实。他们在志楠大学毕业后就举家移民到了澳大利亚。父母原本希望志楠也过去继续深造，但是为了菲菲，他选择留在国内工作。

而菲菲的父母都是老实巴交的农民，家境一般，一方面不愿高攀，另一方面又担心年轻的志楠不靠谱，不肯让女儿远嫁。

一对恋人，四位父母，多年的拉扯，终于在菲菲同意相亲的那一刻斩断了麻纱。

见女儿松了口，菲菲的父母急忙拜托亲戚帮菲菲介绍对象。三

第一章　放下昨天，为了更加轻盈的出发

天后，微信推过来一个男青年，比菲菲大一岁，同样出身乡土，在当地政府部门工作。经过几次接触之后，为人老实忠厚的男青年深得菲菲父母的欢心。

而菲菲权衡再三，终于在缥缈的爱情与稳定的生活中选择了后者。

四个月后，当他们的婚礼筹备完毕，志楠也买好了飞往墨尔本的机票。就这样，原本一对珠联璧合的人儿，终于远隔重洋。

我不知道他们有没有难过，因为直到上飞机之前，志楠还在笑着说：

"这下可以跟我爸妈团聚了。"

"听说那边的空气可好了，哈哈。"

"我准备申请当地的大学，继续深造，实现做科学家的梦想。"

"有空来墨尔本找我玩啊，带你去吃好吃的。"

"以前跟菲菲说过带她去澳大利亚玩，可惜没机会了。"

"她没什么朋友，以后我不在，你多照顾她点。"

"如果以后她过得不好，你要告诉我；过得好就别让我知道了。"

他或许不知道，自己的眼圈已经越来越红，硬扯出的笑容越来越难看。

候机大厅的广播适时响起登机提醒，他用力笑了一下，拿出一张银行卡塞到我手里："这是我这几年工作存的一点钱，还有爸妈平时补贴给我的。原本想攒着结婚用，现在不需要了。你帮我带给她，算是我随的份子钱，密码是她生日。"转身刚要走，又回过头来，一脸任性，"让她留着自己花，不许给那个男的。"

广播里又在催促登机，他红着眼圈，笑着朝我挥挥手，转身走入了登机口。

看着志楠的背影消失在登机口，我心里五味杂陈。而接到菲菲

向前进，困难尽处是成功

电话的那一刻，我也明白了，这场恋情并不是他的独角戏。然而生活就是这样，选择了一个，就必须放弃另一个；拥有了一些，也必然会相应失去另一些。

菲菲拥有了稳定的生活，失去了多年的爱情；而志楠选择了放手，追寻自己的理想。人就是在这种种得失之间不断成长起来的。

施瓦辛格当选州长后，人们普遍怀疑他的能力，认为他充其量是一个头脑简单、四肢发达、只会演戏的家伙。在一个酒会上，有人向他发难："州长先生，我们想知道，您怎么能当选为州长，是不是靠您的健硕身材和票房神话呢？"

"先生们，你们以为我是在利用之前取得的名声，是吗？那你们错了！"施瓦辛格一脸平静地说，"我想问一个问题。"

施瓦辛格随手指着身边一个很有名的富翁说："就您吧，先生，我想问您，您爬过山没有？"

"爬过，我想这里每个人都爬过，这个问题太简单了，州长先生！"富翁不屑地说。

"那好，当您爬上一个山峰后，再想爬到另外一个山峰，您会怎么做呢？"

"州长先生，这个问题我想连孩子也会回答，当然是从这个山峰往那个山峰上去了。如果能给我一架直升机的话，会更快。"富翁话中带刺地说。大厅内一阵大笑。

"那好，先生，如果没有直升机怎么办？怎样才能过去呢？"

"那也简单，没有直升机，我又不能飞上去，只能从这个山峰上下来，然后往那个山峰上爬了！"

"先生，您的意思是只有先放弃之前的山峰，才能拥有之后的

第一章　放下昨天，为了更加轻盈的出发

山峰，是吗？"

"我想是的，一个人不可能拥有两座山峰。"

"太好了，我想您已经给出我的答案了。"

大厅内沉寂了数秒钟，随即爆发一阵掌声。

生活就是这样，当我们想要一种生活，就必须放弃另一种生活。如果过多地想着以前的幸福美好，那么它无形中也许会成为我们前进路上的绊脚石。忘掉它，并从零开始，就已经成功了一半。

一个小男孩用自己积攒的零用钱偷偷买了一个小玩具——一个巴掌大的变形金刚，并把它藏到一个他认为最秘密的地方。

一天早上，正在厨房准备早餐的妈妈忽然听见儿子的叫嚷声。她急忙冲出厨房。这时，她看见儿子竟然把手插进了放在茶几上的花瓶里。花瓶虽然是个大肚子，但是瓶口很小。孩子伸进去的小胖手怎么也抽不出来。

对于孩子的淘气，妈妈已经领教过多次，凡是他能够看得见的易碎的东西几乎都被转移到高处了，但她怎么也想不到儿子居然看上了这个花瓶，而且还会把手伸到里面去。

妈妈顾不上教训他，便拽着儿子的手，想帮他拿出来，但只要稍微用点力，孩子就痛得叫苦连天。

这可急坏了妈妈。她顾不上犹豫了，拿出锤子要打碎这个花瓶。

"不要！"儿子倒是先阻止了，因为他喜欢花瓶上的那幅画——旱鸭子图。那是一幅神态逼真的国画：炎热的夏天里，一个和他差不多大的男孩，光着屁股端起比他头还大的水瓢饮着水。旁边穿兜肚的可能是他的姐姐吧，她正在看着被炎热熏烤的伸出长长

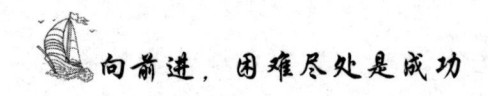

舌头的狗。而那只狗正在充满羡慕地看着从水中刚上来的摇摇摆摆的鸭子。

在卡通形象遍布天下的时代，儿子对这幅画情有独钟。有时候，他会蹲在那里目不转睛地一边看，一边偷偷地乐。所以，尽管妈妈说了好多道理，儿子就是不让她把花瓶打碎。眼看着上班的时间就要到了，妈妈再也顾不上和儿子理论，她拿起锤子把花瓶打破了。

一件精美的花瓶顷刻间成了碎片。在儿子惊异的目光中，他的手出来了。妈妈急忙看儿子的手是否受伤，可是，令她惊讶的是，儿子的拳头仍是紧握着。

"你的手没有受伤吧？宝贝，快给我看看！"

看到妈妈焦急的样子，孩子才摊开手掌，他的掌心里正是那个变形金刚玩具。原来，他把变形金刚藏进了花瓶里，如今想要拿出来玩。他拿到变形金刚后就把手攥紧了，可他没想到，这样紧攥着，反而他的手出不来了。

其实，许多事情，只要放手就能立刻解决，只是很少有人愿意那样做。

距离志楠离开已经一年。这一年里，我只见过菲菲几次，但她红润的脸颊、日渐丰腴的身材和微微隆起的小腹都告诉我，她过得很幸福。而志楠那边，已经考取了某知名大学的硕士研究生，继续研究他所热爱的专业。

一切都很好，每个人都失去了一些，却得到了另一些——或许得到的才是他们生命里更为重要的东西，那失去的，也就并不可惜了。

第一章　放下昨天，为了更加轻盈的出发

来路无可眷恋，值得期待的只有前方

　　一直觉得，人的一生，如同一艘船在江河里航行。刚开始出发时，船舱里空荡荡的。随着年岁增加，人生之舟里逐渐有了我们对过去生活的回忆，有开心，有欢笑，也有忧愁与悲伤……

　　与普通的船一样，人生之舟的货物装得越多速度也会越慢，严重的甚至会导致沉船。所以，我们要适时地为人生之舟减压，放下那些不必要的负重，忘记不属于自己的一切。心灵的内存有限，只好放下过去。释放新的空间，才能装下更多新的美好的东西。放下时的割舍是疼痛的，疼痛过后却是轻松的。

　　在前行的路上，放不下，只会被烦恼困住。事实往往证明，只有离开"现在的"生活，你才会明白该如何生活。

　　几年前我去山西旅游，买过一个特别有意思的玩具九连环。这个玩具历史悠久，它由九个圆环相连成串，以解开为胜。九连环形式多样、规格不一，玩时需要使九环全部连贯于铜圈上，或经过穿套全部解下。无论是解下还是套上，九连环都要遵循一定的规则。

　　解套方法比较复杂，其中有一条规则是：在前两环解下后，要解第三环时，需先将解下的第一环再套回，然后才能解下第三环，之后再套回第一环；到解第四环时，依前法套回前面的三环，再解下

向前进，困难尽处是成功

开头的前两环，然后才能解下第四环，最后又套上开头的前两环。

以此类推，每要解开一个环，就必须将前面已解开的环再套回去，直到解到第九环，须将前面所有已解开的环都套回去。如果解套者在每一步骤中，舍不得把好不容易解下的环套回去，那么这个九连环就无法全部解开。

你有没有发现：我们的生活犹如这个九连环，是一个一个环扣所组成的。如果不肯放弃，那么就无法再进一步；对于悲欢离合的"环"放不下，就会在悲欢离合里痛苦挣扎；对于心中的"环"放不下，生命就会被抑郁套牢。

因为放不下，我们就无法解开人生层层缠绕的环扣。能解套与否，就全在人们的一念之间。因为放不下，所以无法解脱……

很多时候，我会羡慕在天空中自由自在飞翔的鸟儿。人其实也应该像这鸟儿一样，欢呼于枝头，跳跃于林间，与清风嬉戏，与明月相伴，饮山泉，觅草虫，无拘无束。这才是鸟儿应有的生活，才是人类应有的生活。人生在世，有许多东西是需要放弃的。但也因为放不下，才使得人生平白多了那么多的烦恼。

忘记过去，活在当下，是我们获得成功和幸福的关键。失恋导致的痛楚、矛盾留下的仇恨、成功带来的负荷、分歧招致的争吵、距离产生的误会……所有这些，都是已经破碎的过去。既然如此，我们不妨把它们抛在脑后！

忘记过去并不意味着什么都要忘记。忘记成功只是我们不能因为成功而骄傲，要把它忘记，我们才能从头开始新的奋斗。忘记失败也只是要我们忘记失败所带来的伤心和痛苦，不能忘记失败的教训，应该牢记这些教训，重新上路。

第一章 放下昨天，为了更加轻盈的出发

忘记过去的辉煌，就不会满足于已有的成就，继续像以前一样为了目标而奋斗；忘记过去的失败，就不会因为小小的挫折而自暴自弃，就会拥有比原来更雄厚的自信心，经得起失败的考验，才能一步一步走向成功。

所以，不论过去是美好还是懊悔，将一切留在身后，然后重新开始。要记住，来路无可眷恋，值得期待的只有前方。

在一所中学里，有一个成绩很差的班级。这个班的多数学生总为过去的成绩感到不安、灰心、失望、叹气、沮丧……进而影响了新的学习。新来的老师得知这一情况后，给这个班的学生上了一堂难忘的课。

这天，老师上课时，突然一巴掌将放在桌上的一大瓶牛奶打翻在地。"啪"的一声巨响惊呆在座的每一个学生，他们一个个目瞪口呆地看着桌上、地上四处流淌的乳白色液体，不知该怎么办才好。

这时，老师的目光扫过每个学生的脸，同时大喊一声："不要为打翻的牛奶哭泣！我让你们记住这个道理，牛奶已淌光了，无论你怎么后悔抱怨，都已无法挽回。我们现在能做的就是把它忘记，然后注意下一件事。"

"不要为打翻的牛奶哭泣"，牛奶打翻在地已经是事实，再怎样补救也无济于事。我们唯一能做的就是：忘记它，然后注意下一件事！过去的已经过去，过去不能改写，只有重新开始。为过去哀伤、遗憾，除了劳心费神、分散精力之外，没有一点益处。

在人生的征途中，我们总是会遇到这样或那样的困难和挫折，如果总让这些困难和挫折阻碍我们前进的步伐，那我们就永远不可

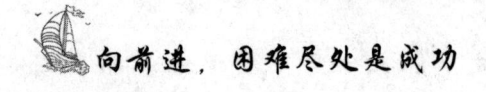

能成长，我们的人生也将失去希望。"不为打翻的牛奶哭泣"，让我们不要总是沉湎于教训的打击，因为我们还要前行。

著名的棒球手康尼·马克谈过他对于输球的烦恼问题："过去我常常这样做，为输球而烦恼不已。现在我已经不干这种傻事了。既然已经成为过去，何必沉浸在回忆里呢？流入河中的水，是不能取回来的。"

不错，流入河中的水是不能取回的，打翻的牛奶也不能重新收集起来。但是你可以选择忘掉曾经的失败，放下曾经的荣誉，用崭新的心态面对明天。

02

第二章　假如不能告别往事，那就告别过去的自己

一切过去了的都会变成亲切的怀念。

——普希金

第二章 假如不能告别往事，那就告别过去的自己

不是放不下过去，只是走不出舒适区

每个人都有过去，或悲或喜。有的人沉湎往事不能自拔，有的人告别昨天轻装上路。那些放不下过去的人，不是太念旧，而是走不出自己的舒适区。

什么样的生活最轻松？

很多人的答案是"和昨天一样的生活"，因为那样的生活是我们所熟悉的，不用精神紧张地迎接未可知的变化。

这些人以为自己走不出回忆，放不下过去，其实只是因为他们习惯了过去的生活，不愿意尝试新的未知的生活——哪怕它可能更美好。而那些能够勇敢走出舒适区的人，在不断接受生活的挑战之后，会发现自己一天比一天强大。

雅琪是我的大学同学，曾经睡在我对床的姑娘。毕业多年，我们从最初的每日煲"电话粥"吐槽，到现在用微信留言的方式沟通——因为她的电话时常是无法接通的。

不是在开会，就是在见客户，要么就是在上培训课，好不容易有空闲，手机可能又被她丢在健身房的更衣柜里。

这就是所谓的"身体和灵魂总有一个在路上"吧？当然，不是旅行的路上，是成长的路上。

向前进，困难尽处是成功

在这样的忙忙碌碌中，我眼见着她从初入职场懵懵懂懂的菜鸟，一步一步做到了市场部经理。

也不是没有听她抱怨过工作压力太大、客户太难缠、英文太难学，但是吐槽过后，依然会看到她再次打起精神走出自己的舒适区，去挑战下一个目标。

每个人都想成功，但有些人总是错过成功的机会，原因在于他们沉浸舒适区无法自拔。

我们身边都有这样的人，早上躺在床上不想起来，起床后什么也不想干；能拖到明天的事今天不做，能推给别人的事自己不干；不懂的事不想懂，不会做的事不想学；凡事得过且过，不思进取，也不去考虑明天会怎样。

当一个人习惯了这样的舒适区以后，对任何需要付出努力去做的事情都会感到不适应，难以接受。生活没有生气，如一潭死水，不愿改变自己，不愿接受新鲜事物，最后必将被社会淘汰。

有的学生遇到难题，不愿意思考，不愿意请教老师，浑浑噩噩地混日子，最后成绩太差毕不了业；有的人工作中遇到新事物不愿意学习，自身技能渐渐跟不上行业发展需求，被公司辞退；有的商人因循守旧，面对汹涌的经济浪潮也不肯求新求变，渐渐被市场所淘汰，难逃破产命运……

躺在舒适区里混日子是很容易的，但其结果却是谁都不愿意承受的。

那么，为什么不趁着大好时光走出舒适区，去挑战一些自己未曾经攀登过的高峰，去将一些原本以为的"不可能"变成"可能"，去成就更美好的自己呢？

第二章 假如不能告别往事，那就告别过去的自己

羡慕谁谁谁考上了哈佛，但自己依然躺在床上不肯起来读书。

羡慕谁谁谁登上了珠穆朗玛峰，但自己依然赖在沙发上。

羡慕谁谁谁出了书、开了签售会，但自己依然不肯建个文档打出一个字。

羡慕谁谁谁创业成功开了公司，但自己依然抱着手机不肯放弃"王者荣耀"。

打赢一百局王者荣耀，能不能成为一个真正的王者？

我们刷着快手和抖音傻笑，浪费着宝贵时间，消耗着自己的生命。但人家却成了网红，赚得盆满钵满，自己收获的只有笑出来的满脸褶子。醒醒吧，我们所沉浸其中不能自拔的舒适区，其实是一座舒适的"坟墓"。这里埋葬了我们的时间、我们的生命、我们的前途和未来。

我们需要行动起来，走出舒适区，去看看外面精彩的世界，去感受烈日下的挥汗如雨，去体验风雨中的激流勇进，去尝试再次做一个逆风飞翔的少年。

成为自己的太阳，无须凭借谁的光

上个月休假回家探亲，老妈告诉我，陈晨也回来了。

陈晨是我的儿时玩伴，我们家住同一个小区，上的同一所幼儿园、同一所小学、同一所初中。如今他长居上海，但是每个月都会抽时间回来陪伴独居的母亲。

晚饭后，我敲开了陈家的大门。陈晨见我来看他，很高兴，非要拉着我出去喝两杯。

聊天中得知，他这次回来是为了给已故的父亲扫墓。我这才想起，陈伯伯已经去世整十年了。

十年前，陈伯伯经营着一家中型公司，陈伯母在家相夫教子，而彼时的陈晨正在读大学，妹妹还在读初中，一家人的生活富足而美满。

但是，在大四那年，陈晨去新加坡留学的手续还没办好，年仅四十几岁的陈伯伯就在办公室突发脑出血，送医院抢救无效，永远离开了他们母子。

突然之间，陈家就垮了下来。料理完后事，陈伯母已急火攻心，嗓子哑得说不出话来；妹妹也每日以泪洗面。而此时，一大堆供货商还堵在他家追讨欠款。

我担心陈伯伯的离世对陈晨打击太大，但是他告诉我："以前

第二章 假如不能告别往事，那就告别过去的自己

是爸爸照顾全家人，现在爸爸走了，我就成了家里的顶梁柱。我必须坚强起来，自己挺住了，才能成为妈妈和妹妹的依靠。"

他说到了，也做到了。

考虑到家庭情况，他放弃了出国留学的机会，立刻接手处理父亲公司的事务。陈伯伯去世的短短一个月内，公司已经树倒猢狲散，管理层人员接连离职，员工都在到处投简历物色新工作。他用公司账上仅存的一点现金，和原本准备出国留学用的钱，还清了货款，给准备辞职的员工结清了工资。处理完这些事务，公司只剩下三个员工，他又马不停蹄地出去讨账、发展新业务……就这样慢慢地，他从一个还没踏出校门的毛头小子，一路磕磕绊绊终于稳住了局面，壮大了公司，甚至把公司总部搬到了上海。

他告诉我，这次回来还有一件事，就是要说服母亲去上海一起生活。毕竟母亲年纪大了，身边不能没有人照顾。

十年前，是父亲的光亮照耀着全家；现在，他把自己活成了一个太阳，温暖着母亲和妹妹。

这让我想起了清朝"扬州八怪"之一郑板桥临终前给儿子留下的话："淌自己的汗，吃自己的饭。自己的事业自己干。靠天靠人靠祖宗，不算是好汉。"郑板桥告诫他的儿子，凡事要依靠自己解决问题，不要总是依赖别人，把一切希望都寄托在别人身上，哪怕是父母也不可能照顾你一辈子。别人只可能帮一时，却帮不了一世。靠人不如靠自己，你就是自己的依靠。

记得高中老师讲过，当年大仲马闻名世界时，他的儿子小仲马却屡次投稿被退。这时的小仲马如果接受父亲的帮助，一时之间或许会顺利很多，但这样只会使小仲马永远被父亲的光辉所笼罩。于是他拒绝了父亲的帮助。写了再退，退了再写，在不懈努力下，他

向前进，困难尽处是成功

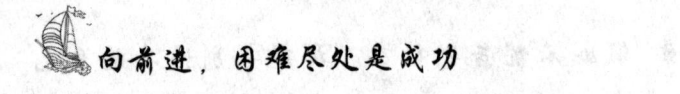

终于一鸣惊人，完成了不朽的世界名著——《茶花女》。他后来的成就甚至超越了父亲，从而赢得了世界的肯定。

有一天，农夫的驴子不小心掉进一口枯井里。农夫绞尽脑汁想办法救驴子，但几个小时过去了，驴子还在井里痛苦地哀号着。

最后，这位农夫决定放弃，他想这头驴子年纪大了，不值得大费周章地把它救出来，不过无论如何，这口井还是得填起来。于是农夫便请来左邻右舍帮忙一起将井中的驴子埋了，以免除它的痛苦。

农夫的邻居们人手一把铲子，开始将泥土铲进枯井中。当这头驴子了解到自己的处境时，刚开始哭得很凄惨。但出人意料的是，过了一会儿，这头驴子就安静下来了。

农夫好奇地探头往井底一看，出现在眼前的景象令他大吃一惊：当铲进井里的泥土落在驴子的背部时，驴子的反应令人称奇——它将泥土抖落在一旁，然后站到铲进的泥土堆上面。

就这样，驴子将大家铲倒在它身上的泥土全数抖落在井底，然后再站上去。很快，这只驴子便得意地上升到井口，然后在众人惊讶的表情中快步地跑了出来。

在这个故事中，没有人能救得了那头驴子，它只能靠自己拯救自己。同时，故事也让我们明白，只有自己才是自己真正的依靠。

古希腊神话中，地神的儿子安泰和敌人格斗时，只有脚不离地，源源不断地从母亲那里汲取能量才能获胜。而在这个秘密被敌人发现后，敌人就将他骗到空中，他因得不到能量而被扼死。为什么会有这样的悲剧呢？因为，安泰依靠的不是自己。

一个人要想成功，必先自立，然后自强，用自己的双手去创造

第二章 假如不能告别往事，那就告别过去的自己

辉煌。

百度、搜狐的CEO，耐克、安踏的创始人，哪一个不是白手起家？他们之所以昂首挺胸，是因为他们在依靠自己；而那些不学无术的"富二代"，虽然拥有一时的得意，但在残酷激烈的竞争中，他们终将被淘汰。所以说，父母所给予的财富不是我们骄傲的资本，自己努力争取到的才会持久。

在任何时候，尤其是在艰难困苦的关键时刻，我们要永远记住这样一句话：要成为自己的太阳，无须凭借谁的光。

向前进，困难尽处是成功

没有人天生平庸，但有人自甘平庸

大多数人都是平凡的，但是这并不等于平庸。因为平凡中孕育着伟大，平庸中却蕴含着悲哀。平庸的人就像长不高的树，虽然也与众多的树同在一片林中，却永远也无法撑起属于自己的那片天空。而平凡的人，即便不出众，他们也诚实而认真地生活着，他们拥有自己哪怕很小，却是真实的世界。

我们每个人，可能平凡，也可能平庸，正如苏联作家奥斯特洛夫斯基所说："人的一生可能燃烧，也可能腐朽。"平凡的人也在燃烧自己，而平庸的人却躲在自己的世界中慢慢凋谢。这或许是两者本质的不同。

不过，如果查词典，平庸的释义大都是指一般而不突出。仅从字面上理解，好像与"平凡"没有多少差别。因而，有许多人，在遇到挫折之后，不是从哪里跌倒就从哪里爬起来，而是告诉自己回归平淡，用"平平淡淡才是真"为自己开脱。这类人就没有厘清平凡和平庸的区别。

"不入红尘，焉能看破红尘。"既然如此，那么没有拼搏过、奋斗过，根本没有体会过红尘的真正滋味，又岂能看破，又从哪里看破呢？

没有人天生平庸，但是有人自甘平庸。

第二章 假如不能告别往事，那就告别过去的自己

一个人自甘平庸时，多自伤身世，埋怨自己没有一个有钱有势的爹，一旦小有成绩就知足不前。一个人自甘平庸时，总是以为自己回归了理性，成熟起来了，实则不过是掩盖了自己的惰性。一个人自甘平庸时，不再有任何斗志，一味抱着"安全第一"的思想，丧失了开拓和冒险精神，而把更多的精力和时间放在声色犬马中。平庸的人乐于用老眼光看人，不知道世界的车轮滚滚，不等待任何一位乘客。平庸的人靠一切无聊的方式调剂自己的生活。

平庸是一种状态，也是一种心态；是一种生活方式，也是一种道德观念。想让理念之光闪现，就得摆脱平庸。

在军营的日子里，王伟和战友们一起训练、一起生活、一起挨批评、一起受表扬，但他的内心似乎有着更为强烈的想法：他不甘平庸，要当一名出色的兵。

对王伟来说，他的征途永远没有终点。他经常说："在军营这个火热的环境里，我能学到很多东西。适应环境的最好方法就是积极地改变自己。我想改变，也努力地去做了，所以我实现了目标。"

王伟不停地努力着，从不间断地坚持着，也一天天发生着细微的变化。不到半年时间，他的训练成绩从最初的中等水平逐渐上升到了连队的上游。由于表现突出，他被推荐到教导队参加预提指挥士官集训。这个集训队素有"魔鬼训练营"的称号，王伟却找到了属于自己的空间。他愈发感受到了自身的价值，心中的信念也变得愈发强烈，障碍、战术、射击……他的训练成绩无一例外的都是第一。

要摆脱平庸，必须选准目标与方向。王伟选准了目标，就有了动力；找对了方向，向着前方奋进且收获了成功。换句话说，你

必须选准自己的路。切记：走别人的路，再快也在人后；走自己的路，再慢也在人前。

要摆脱平庸，更需要多几分自信。勇敢是勇敢者的通行证，悲观是悲观者的墓志铭。如果我们自己都不相信自己，还有谁能给我们动力？人生最大的敌人就是自己，人生最好的朋友也是自己，只有自己才能打倒自己，也只有自己才能解救自己。不要指望别人，也不要蔑视自己，扬起生命的征帆，鼓起乘风破浪的勇气。

要摆脱平庸，还要学会思考。不思考的人只能停步不前，不思考的人被套在过去思维的枷锁里，这类人是生活的奴隶，只会按部就班，照本宣科。

对于别人的平庸，尚可原谅；对于自己的平庸，绝不可原谅。

要摆脱平庸，最重要的是不为自己的平庸找任何理由。日月经天，从不解释自己的阴晴圆缺；江河行地，从不解释自己的去向。

摆脱平庸，走出人生与生命的低谷。长夜过后，迎接我们的定是那灿烂的黎明。

第二章 假如不能告别往事，那就告别过去的自己

不自卑也不炫耀，不动声色地变好

七八年前，我所在的公司招聘了一个大学刚毕业的小姑娘做文字编辑，工作内容就是帮作者修改稿件，使之符合出版规范。

初入职场，她什么都不会，难免遭受同事的白眼。甚至有一次因为写错了修改符号，被一个普通的排版人员指着鼻子骂。

她悄悄哭过，但是并没有气馁，而是在工作中不断学习编辑知识，终于在两年后成了可以独当一面的成熟编辑。

不久以后，她又在业余时间报名参加了英语培训班。

同事知道后，就有人背后风言风语："上学时不好好学习，现在又来学英文还有什么用，我们又不看英文稿。"小姑娘没有理会这些闲言碎语，继续按部就班地学习英文。

两年以后，国外引进图书版权开始大热。一个偶然的机会，国内某一流出版社招聘英文水平好的编辑，她过五关斩六将最终应聘成功，果断跳槽，薪资比以前翻了四倍。

而之前嘲笑过她的人，再次化身"柠檬精"，"酸"她运气太好。事实上，真的是她运气太好吗？不是的。只是她在别人刷剧、逛街、打卡网红景点的时候，默默学习，不动声色地让自己变得越来越好。当我们成为更好的人，自然有更好的事物向我们悄悄靠近。

世界变化如此之快，没有人可以预知明天将有什么样的机遇出

向前进，困难尽处是成功

现在我们的生命中，只有不断学习，才能在机遇来临之时，大大方方地说一句："我已经准备好了。"

在不断变化着的时代，只有懂得终身学习的人，才能永立潮头，不被淘汰。

甲骨文公司是世界上最大的数据库软件公司。当我们从自动提款机上取钱，或者在航空公司预定航班，或者将家中电视连上互联网，我们就在和甲骨文公司打交道。

拉里·埃里森是全球第二大软件制造商甲骨文公司创始人、总裁兼CEO。埃里森是典型的气势凌人的技术狂人，个性张扬。

狂傲专横就是他的公众形象，他的财产堪与比尔·盖茨相匹敌，对竞争对手毫不留情。

不可否认，这个备受争议的人物却是一个天才，在短短26年的时间里，把一个软件公司发展成世界前十名的软件制造商。

是什么使他在信息时代笑傲江湖呢？

学习，是持续不断的学习，使这个集众多非议于一身的"坏家伙"始终走在信息时代的最前沿。

1944年，埃里森出生在纽约的曼哈顿，由舅舅一家抚养，在芝加哥犹太区中下阶层家庭中长大。

埃里森小时候并没有表现出超于同龄人的天赋，在学校时，他成绩平平，非常孤独，喜欢独来独往，唯一感兴趣的就是计算机。

1962年，埃里森高中毕业，他先后进入芝加哥大学、伊利诺斯大学和西北大学学习，虽然经历了三个大学，最终却没有得到任何大学文凭。

关于学位，埃里森认为："大学学位是有用的，我想每个人都

第二章 假如不能告别往事，那就告别过去的自己

应该去获得一个或者更多，但我在大学没有得到学位，我从来没有上过一堂计算机课，但我却成了程序员。我完全是从书本上自学编程的。"

埃里森曾经对前来应聘的大学毕业生说："你的文凭代表你受教育的程度，它的价值会体现在你的底薪上，但有效期只有三个月。要想在我这里干下去，就必须知道你该继续学些什么东西。如果不知道学些什么新东西，你的文凭在我这里就会失效。"

正是乐于学习、终身学习的态度，成就了埃里森的事业，也成就了他的整个人生。

反观那些取得了一点点成绩就忘乎所以，觉得自己可以躺在功劳簿上吃老本的人，最终的结局往往不会很好。

在我国古代的金溪县有个人叫方仲永，当他五岁时，就能写诗作赋。人们指着什么事物叫他作诗，他都能当即写成，被认为是神童。

于是，就有人请他父亲带方仲永去做客，并即席作诗，有的人还赠些银两。

他父亲心中窃喜，就天天拉着他去拜访做客，不让他继续学习。

在他13岁的时候，他写出来的诗已不能和以前的名声相称了。又过了七年，他已经默默无闻，和一般人一样了。

一个人，不论先天资质多么好，后天学历多么高，都不能失去继续学习的信念。社会不断发展，知识不断更新，一旦停止学习，也就意味着会逐渐跟不上时代的脚步。

向前进，困难尽处是成功

有一位曾在日本政界商界都显赫的人物，叫系山英太郎。他在30岁时即拥有了几十亿美元的资产，32岁成为日本历史上最年轻的参议员。他的成功有什么秘诀吗？就是终身学习。

系山英太郎一直信奉"终身学习"的信念，碰到不懂的事情总是拼命去寻求解答。通过推销外国汽车，他领悟到销售的技巧；通过研究金融知识，他懂得如何利用银行和股市让大量的金钱流入自己的腰包……即使后来年龄渐长，系山英太郎仍不甘心被时代淘汰。他又开始学习电脑，不久就成立了自己的网络公司，发表了他个人对时事问题的看法。即使已进入老迈之年，系山英太郎依然勇于挑战新的事物，热心了解未知的领域。

老一辈人有一句经验之谈：活到老，学到老。这句话的意思是说，学习是一辈子的事情，需要持之以恒的精神，只有不断积累，才能造就自己。

晋代的大文学家陶渊明隐居田园后，某一天，有一个读书的少年前来拜访他，向他请教求知之道，希望从陶渊明这里讨得获得知识的绝妙之法。

见到陶渊明，那少年说："老先生，晚辈十分仰慕你老的学识与才华，不知您老在年轻时读书有无妙法？若有，敬请授予晚辈，晚辈定将终身感激！"

陶渊明听后，捋须而笑道："天底下哪有什么学习的妙法，只有笨法，全凭刻苦用功、持之以恒，勤学则进，怠之则退。"

少年似乎没有听明白，陶渊明便拉着少年的手来到田边，指着一颗稻秧说："你好好地看，认真地看，看它是不是在长高。"

第二章 假如不能告别往事，那就告别过去的自己

少年很是听话，怎么看，也没见稻秧长高，便起身对陶渊明说："晚辈没看见它长高。"陶渊明道："它不能长高，为何能从一颗秧苗，长到现在这等高度呢？其实，它每时每刻都在长，只是我们的肉眼无法看到罢了。读书求知以及知识的积累，便是同样的道理。天天勤于苦读，天长日久，丰富的知识就装在自己的大脑里了。"

说完这番话，陶渊明又指着河边一块大磨石问少年："那块磨石为什么会有像马鞍一样的凹面呢？"

少年回答："那是磨镰刀磨的。"

陶渊明又问："具体是哪天磨的呢？"

少年无言以对，陶渊明说："村里人天天都在上面磨刀磨镰，日积月累，年复一年，才成为这个样子，不可能是一天之功啊。正所谓冰冻三尺，非一日之寒！学习求知也是这样，若不持之以恒地求知，每天都会有所亏欠的！"

少年恍然大悟，陶渊明见此子可教，又兴致极好地送了少年两句话："勤学似春起之苗，不见其增，日有所长；辍学如磨刀之石，不见其损，日有所亏。"

陶渊明用生活中生动的例子指出：只要日复一日地努力学习钻研，虽然在短时间内看不到进步，但是坚持下去，一个月、两个月、一年、两年，你会发现，自己已经在不知不觉中进步了很多。

当今社会，竞争越来越激烈，更需要不断学习和充电。有专家指出：现在我们的职业半衰期越来越短，在职期间如果不继续学习，不出五年就会面临职场尴尬窘迫，甚至处在失业的边缘！随着人才竞争的白热化，人在职场中会不断折旧，利用脱产或业余时间充电，学习则是防止折旧最好的办法。即使是老板，也要不断地学

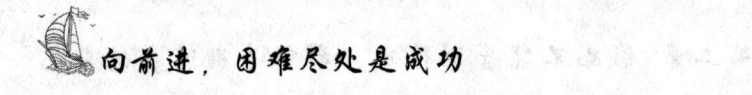

习相关的专业知识，否则就会跟不上时代的发展，自己的企业同样会遭遇淘汰的命运。

最好的投资是投资自己，而投资自己最便捷的方式就是学习。无论自己的起点是怎样的，只要不断学习，就会不断超越昨天的自己。而我们要做的，就是不自卑也不炫耀，不动声色地让自己越变越好。

第二章 假如不能告别往事，那就告别过去的自己

不再优柔寡断，学会当机立断

前几天，薇薇在微信上跟我说："你还记得两年前咱们逛街时我看中的那款香奈儿包包吗？"

"我记得。怎么，你又想买了？"

"是的，昨天我已经去把它买下来了。"

薇薇是我在前公司时的助理，我离职以后，向公司推荐她接替了我的职位。

她的家乡在四川的一个山区。小时候上学，她需要走几十里山路。

初中毕业后，就有多事的亲戚劝她父母不要继续供她念书："女孩子迟早要嫁人，读那么多书有什么用，不如早点出去打工赚钱补贴家用。"关系要好的同村女孩也劝她："不要读书啦，跟我们去深圳打工，包吃包住，工资好多！"

她的父母几度动摇，但她坚持要读书，甚至用绝食来抗议。父母心疼这个最小的女儿，只得同意送她读高中。

高中三年，她的成绩一直名列前茅，最终考取了一所211院校。但是问题接踵而至——父母年迈，已经没有足够的经济实力供她读大学；哥哥姐姐都已经成家，不好继续补贴她这个"拖油瓶"。于是，又有许多人劝她不要上大学了，赶紧出去打工赚钱吧。甚至有人指责她："这么大的人，非但不去赚钱孝敬父母，还

要继续靠父母养！"

在一阵阵责骂声中，她依旧选择坚持己见。高考后的那个暑假，她在同村女孩的介绍下，去深圳的工厂打了两个月的工，做流水线上的工人，每天工作十几个小时，拼命赚加班费。两个月后，开学在即，她把所挣的一部分钱汇到学校的收款账户用于第一年的学费，除了生活费还有一些余款，她直接寄给了父母，然后带着录取通知书和简单的行装，直接去学校报到。

就这样，大学四年，她边读书边打工，不但赚够了自己的学费和生活费，而且每个月都给家里寄几百元钱。虽然她读大学没向父母要一分钱，但是好事的远亲近邻还是忍不住嚼舌头："读那么多书有什么用，以后还不是要嫁人？""女孩子读书多了，心就野了！""一个人到那么远的地方，不要学坏才好哦！"

闲言碎语传到薇薇耳中，她权当没听见，该读书读书，该打工打工，全不受影响。

毕业后，她在一群应聘者中脱颖而出，成功入职我的部门。

她是个很努力的女孩，交代给她的工作我从来不用担心完不成或者做不好。即使是很复杂烦琐的事情，哪怕加班熬夜，她也一定会在规定的时间内做完。

我从未见她和公司女同事一起逛街游玩，即使同事一再邀约，她也微笑着礼貌拒绝，却经常在图书馆和周末的办公室跟她偶遇。通过聊天，我渐渐知道了她的过去。

就这样，我看着她的工作能力一天一天地提高，从普通职员升为我的助理，最终接替了我的位置。

相比于那些开朗又合群的姑娘，我更喜欢这个勤奋又有主见的女孩子。也正是凭着自己的主见，她彻底改写了自己的命运。否

第二章 假如不能告别往事，那就告别过去的自己

则，她现在可能依然生活在那座大山里。

主见是个好东西，但不是人人都有。

小江在二十几岁的时候，他爸爸就把自己公司旗下的一家酒店交给他管理，父亲希望儿子能通过打理这家酒店培养和锻炼他的管理能力，为他以后的人生打基础。

小江很明白爸爸的用意，用心投入到积极的行动中，一心一意地管理着这家规模不小的酒店。虽然酒店生意并没有因为他的到来而变得红火，但总算没有出现什么乱子。

但这时，小江的一个朋友给他出主意说，酒店应该推出一个主打产品，如今火锅受欢迎，不如将大酒店改建成火锅城，生意会更好。小江接受了朋友的建议，便投入20万元将所有餐桌都进行了改装，又添置了不少设备。可运行了一段时间，生意并不见好。

于是又有朋友向小江建议说，现在人们的生活节奏快了，中式快餐挺热门的，不如将酒店改作专营中式点心的快餐厅。小江觉得这个主意也蛮有道理的，又投资十多万元做了改建。

经过多次折腾，他前后共投进去50多万元，经营却越发惨淡。难以继续支撑的小江灰溜溜地来到父亲面前求救。父亲听了小江的汇报后，只问了他一句话："你把失败的原因都归结为朋友的点子不行，那么作为一个总经理，你自己的主见在哪里呢？"

酒店的生意原本还不错，就因为小江没有主见的性格弱点而搞砸了，这是多么惨痛的教训啊！假如他能够正确地对待别人的建议，通过自己的理性分析再做出决策，而不是盲目地相信别人，酒店就不会落到那样的下场。

在生活中,朋友和父母的建议、他人的教导、他人的批评、他人的理念……这些都会对自己的心情和行为产生较大的影响。但是,如果一味听从别人的意见,只会将自己的生活变得一团糟——毕竟,生活是自己的,要自己拿主意。

因此,我们要做一个有主见的人。当自己认准了目标,并决心要实现这个目标时,就不要被别人的观点和建议左右,要有自己的想法。如果老是被别人的看法左右自己的行动;如果让自己活在别人的目光里,永远被别人指挥,一辈子跟在别人的屁股后面,那永远也不会有出头之日。

当有了目标和追求后,我们还需要顶住舆论的强大压力,要坚强。这时候如果没有勇往直前的精神,如果不能坚持自己的观点,如果没有不达目的誓不罢休的决心,我们拿什么去实现梦想呢?

翻开历史的画卷,无论在经济还是政治上,大凡成功人士都有一个共同的特点,那就是,做人有主见,处事敢决断。人云亦云的人不会有什么出息。

同时,遇事有主见,要建立在对客观事物正确认识和判断的基础之上。一个人,只有坚持正确的主见才会迈进成功的大门。

做人有主见难,能够坚持主见则更加难。因此,我们要努力把自己培养成一个有主见的人,不要被别人的观点左右自己前进的方向。

第二章 假如不能告别往事，那就告别过去的自己

真正的优秀是超越过去的自己

有一天，助理小钰激动地告诉我，她自考的最后一门英语通过了，满分100分，她考了85分。接下来，就可以准备论文、申请毕业了。

小钰原来只有大专学历，作为办公室文员被招进公司，起初只能做些统计报表、复印文件、采购办公用品这类简单的工作。后来我见她做事认真妥帖，勤奋上进，便调她做了我的助理。我是一年前得知她在参加自考的，那时她由于学历低，没少受同事的白眼，大家明着不说，但暗地里都在议论："真不知道领导是怎么想的，找个大专生做助理！""小点声，说不定人家有什么后台关系呢，当心以后给你们小鞋穿。"这样的议论，连我都听到不少，想必她听得更多。

这两年来，她每天下班后在工位上默默学习备考，我都看在眼里。所以，她考试通过，我一点都不意外。

我跟她说："这回可以好好休息，不用每天熬夜背书了。"

谁知，第二天中午，我就在她的办公桌上看到了一摞刚刚邮寄来的考研复习资料。她笑嘻嘻地跟我说："下一步准备考一个非全日制研究生，边工作边读书。"

我劝她不要这么拼，拿到本科学历，在公司就不会有人再说三

道四了。

但是小钰笑笑说,她才不在意别人怎么看呢,她希望自己越来越优秀,因为真正的优秀不是比别人优秀,而是优于过去的自己。

纽特·阿克塞波在青年时代渴望学习语言、学习历史,渴望阅读各种名家作品,想让自己更加聪慧。当他刚从欧洲来到美国北达科他州定居的那阵子,他白天在一家磨坊干活,晚上的空闲时间则用于读书。但没过多久,他结识了一个名叫列娜·威斯里的姑娘,18岁就和她结了婚。此后,他必须把精力用在应付一个农场日常的各种开销上,还必须养儿育女,多年以来,他早就没有时间学习了。

终于有这么一天,他不再欠任何人的债务,他的农场土地肥沃、六畜兴旺。但这时他已经63岁了,没有人再需要他,他很孤独。

女儿女婿请求他搬去和他们同住,但被纽特·阿克塞波拒绝了。"不,"他回答说,"你们应该学会过独立生活。你们搬到我的农场来住吧。农场归你们管理,你们每年付给我400美元租金。但我不和你们住在一起。我上山去住,我在山上能望见你们。"

他给自己在山上修造了一间小屋,自己做饭,自己料理生活,闲暇时去公立图书馆借许多书回来看。他感到从来也没有生活得这么自在过。

纽特·阿克塞波从图书馆借回来的书中,有一本现代小说,小说的主人公是一名耶鲁大学的青年学生。小说叙述他怎样在学业和体育方面取得成就,还有一些章节描述了这个学生丰富多彩的社交生活。

纽特·阿克塞波当时已经64岁。一天凌晨3点钟,他读完了这本小说的最后一页。这时他做出了一个决定——去上大学。他一辈

第二章 假如不能告别往事，那就告别过去的自己

子爱学习，现在他有的是时间，为什么不上大学？

为了参加大学的入学考试，他每天读书很长时间。他读了许多书，有几门学科他已有相当把握。但拉丁文和数学还有点困难，他又发奋学习。后来终于相信自己做好入学考试的准备。于是他购置了几件衣物，买了一张去康涅狄格州纽黑文的火车票，直奔耶鲁大学参加入学考试。

他的考试成绩虽然不算很高，但及格了，他被耶鲁大学录取了。

我打趣地问小钰，会不会也像纽特·阿克塞波一样，到了六十几岁还继续读书。

没想到她认真地说："我会一直读下去的，考完硕士，再考博士；今年没考上，就明年再考。如果最后达到年龄上限不能再考了，我也要通过其他途径继续读书。提升学历只是一方面，如果不能提升学历，那就努力丰富自己的头脑。总之，要每一天都有收获，每一年都有进步，这样人生才有意义。"

不得不说，我很佩服这样的心态。很多人，毕业以后就开始按部就班地过日子，不再有任何进步，现在甚至流行这样一句话——高三是人生知识储备的巅峰。

那些安稳工作却不学习不进取的人，其实也没做错什么。工作很辛苦，下班后玩玩游戏、刷刷短视频，是人之常情。但正因为是人之常情，所以这样的人很难脱颖而出，只能泯然众人间。而那些愿意在八小时之外继续学习、继续提升自己的人，就会以更快的速度超越其他人，在别人浑浑噩噩过日子的时候，悄悄地变成大多数人"高攀不起"的样子。

其实不需要和任何人比谁更努力，只要跟昨天的自己比就可以

向前进，困难尽处是成功

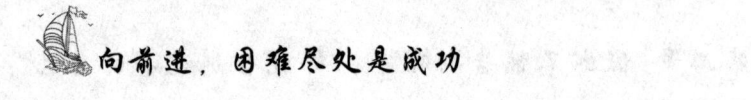

了。每天都问问自己有没有收获，有没有变得更好。就像小钰说的，一个人真正的高贵是优于过去的自己。只要不断努力，不断进取，总会一点一点进步。今天的你必然比昨天更优秀，明天的你也必然比今天更优秀。日积月累，很久以后当你蓦然回首，定能发现自己已经走了那么远的路，攀登了那么高的山峰，成为那么优秀的人。

第二章 假如不能告别往事，那就告别过去的自己

找回健康，找回精力充沛的自己

"亲，这个星期还是没有时间来上课对吗？再不来我要拉黑你了啊！"

收到凯文发来的微信消息时，我正在跟客户谈事情，看了一眼手机，随即按下了静音键。

凯文是我的健身教练，我买了他一万元的私教课，但是两个月来我只去了健身房三次——没错，我工作太忙了。

凯文每个星期都要发两次信息催我去上课，而我也练就了张口就来的搪塞技能："今天加班。""今天朋友结婚。""今天有客户应酬。""我出差啦，下周回来。""我又出差啦！""我还在外面出差呀！"

我发现出差这个借口特别好，不受时间限制，随时随地可以出，出多少天都合理。

后来，一次偶然聊天，凯文跟我讲了他的经历，我才知道他经常提醒我去健身房并不仅仅是为了赚那几百元的课时费。

他告诉我，高三的时候，忙于学习，每天保持坐姿起码15个小时，渐渐开始腰疼，一开始并没有在意，只是自己贴了点药膏，疼痛断断续续。

上大学以后，腰疼变得越来越严重，疼得受不了了，才去医院

做了检查，检查结果显示"腰椎间盘突出，L5/S1突出5毫米"。医生说腰椎间盘突出是没有办法治愈的。

当时他觉得人生很灰暗，每天疼得不敢久坐也不敢久站。急性腰椎间盘突出发作的时候，他甚至在床上躺了两个月。在那两个月，他觉得自己的人生已经完了，成了一个废人，拼命学习考上的大学，好像也都没什么意义了。

于是他开始自己查资料，做康复。一开始通过双杠倒挂来牵引腰椎，同时做小燕飞、倒走、慢跑、游泳。

一直到2017年，通过康复锻炼，他终于恢复到无痛感，只有在逛街很久或很劳累的时候才会腰酸。

那时他忽然对跑马拉松感兴趣，就跑了半年。最初他跑步三公里都会喘，后来渐渐可以跑半马了。

2017年10月，他开始系统接触健身，用半年时间增重了10公斤，改变了过去瘦弱的形象。健身以后，他的腰部感觉更好了，因为逐渐变强健的肌肉可以帮助维持脊柱的稳定。

2018年8月，他觉得只靠自己瞎练，对这些动作理解不够，于是开始上健身教练课，学习肌肉解剖、骨骼、运动模式之类的健身运动理论。机缘巧合下，他去朋友的健身房做了一段时间教练，就开始慢慢进入教练这行。

他说："我告诉你这些，是希望你能明白，不要为了工作就丢掉健康。现在没有时间锻炼，没有时间休息，以后可能就不得不花很多时间躺在病床上，什么都做不了。"

凯文说的话让我思考了很久。确实，那段时间由于长时间伏案工作，我的颈椎、肩周、腰椎间盘、坐骨神经，都隐隐疼痛，但是并没有当作一回事。我以为自己还年轻，以为这些都是小毛病，贴

第二章 假如不能告别往事，那就告别过去的自己

几贴膏药就会好起来。

自从那次聊天以后，我再忙都会抽时间去健身，工作再多都会保证每天八小时的睡眠，即使没时间做大餐，也起码保证每天吃足够的蛋白质、维生素和必要的碳水化合物。

坚持了一段时间后，很多同事都夸我气色越来越好，而我也明显感觉到在工作中精力比以往更充沛了。

我对凯文说："这都是你的功劳！"

但他说："身体是你自己的，只有你才能决定让它变得更好还是更差。同样，人生也是你自己的，给自己一个健康的身体，才能获得更好的人生。"

是的，健康对于任何人来说都是十分重要的。

健康是人生幸福的源泉。

健康是生命之基，是人生幸福的源泉。健康不能代替一切，但是没有健康就没有一切。要创造人生辉煌、享受生活乐趣，就必须珍惜健康，学会健康生活，让健康成为幸福人生的源泉。

人生是否幸福，或许有很多的衡量标准，而健康永远被列在第一位。失去了健康，没有了健全的体魄与饱满的精神，生命就会黯然失色，生趣索然。

拥有健康身心的人，更容易保持乐观，而乐观正是培养积极生活态度所不可缺少的条件。试想，一个不爱惜自己生命的人又怎么能体验幸福的滋味呢？只有充沛的生命力，才可以抵抗各种疾病，渡过各种难关，迎接一个又一个的挑战。

健康的身体是人生最为宝贵的财富，没有健康，一切都无从谈起。而拥有了健康，就可以去创造一切、拥有一切，也只有健康，才是人生最为宝贵的财富。

健康是事业成功的保障。

健康是人们成就事业的本钱。身体健康与心理健康两者是相辅相成、互相影响的，且又制约着人际关系和谐与否，尤其是信心和勇气两种心理状态，直接关系事业的成败。一个身体不健康的人，常常是思想消极、悲观、缺乏信心和勇气的，难以产生创造性的思维。人生不是一帆风顺的，具有健康的体魄才能经受得起各种挑战和挫折，成就一番事业。

本固枝荣，根深叶茂。要成就一番事业，就必须有健康做支撑。因为，只有拥有了健康，你才能有足够的精力去开创事业的成功。

健康是家庭幸福之源。

现代生活节奏快、压力大，很多家庭忽视了对家人健康的经营。其实，我们需要将健康列为家庭的一个重点来维护，无论贫困或富裕，健康才是幸福的基础。

健康是一种自由，健康是一种财富，健康更是一种幸福！

03

第三章　遭一蹶者得一便，经一事者长一智

我们这一辈人本来谁也不曾走过平坦的路，不过，摸索而碰壁，跌倒了又爬起，迂回而前进，这却各人有各人不同的经验。

——茅盾

第三章 遭一蹶者得一便，经一事者长一智

不管做什么事情，都要三思而后行

"三思而后行"的古训出自儒家经典《论语》，而这句话的意思也非常明确，那就是教我们养成做事情前多思考的好习惯。是啊，我们在做任何一件事情前，应学会三思而后行，学会对自己的行为负责。

从前，有个愚人，一直很穷，可是他的运气还不错。在一次下雨的时候，他家有一堵围墙被雨水冲倒了，他居然从倒了的墙里挖出了一坛金子，因此他一夜暴富。可是他依然很笨，他也知道自己的缺点，担心会因为自己的愚笨再次变得贫穷，于是就向一位老人诉苦，希望老人能指点迷津。

老人告诉愚人说："你有钱，而别人有智慧，你为什么不用你的钱去买别人的智慧呢？"

于是，第二天这个愚人就来到了城里，见到一个智者，问道："你能把你的智慧卖给我吗？我非常需要智慧。"

智者答道："我的智慧很贵，一句话就要100两银子。"

愚人说："只要能买到智慧，多少钱我都愿意出！"

智者对他说道："你遇到困难先不要急着处理，向前走三步，然后向后退三步，往返三次，你就能得到智慧了。"

向前进，困难尽处是成功

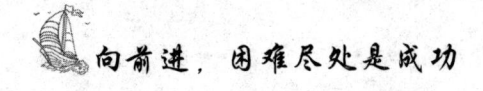

"智慧这么简单就能得到吗？"愚人听了将信将疑，生怕智者骗他的钱。

智者从他的眼中看出了他的心思，于是对他说："你先回去吧，如果觉得我的智慧不值这些钱，那你就不要来了；如果觉得值，就回来给我送钱！"

当夜回家，在昏暗中，愚人发现妻子居然和另外一个人睡在炕上，顿时怒从心生，拿起菜刀准备将那个人杀掉。突然，他想到白天买来的智慧，于是开始前进三步，后退三步，往返三次，正走着呢，那个与妻同眠者惊醒过来，问道："儿啊，你在干什么呢？深更半夜不睡觉，在那里走来走去的？"

愚人听出是自己的母亲，心里暗惊："若不是白天我买来智慧，今晚就已经错杀自己的母亲了！买智者的智慧真是太值了。"天亮后，他早早地就给那个智者送银子去了。

有些人认为，"三思而后行"是胆小怕事的表现，这样的瞻前顾后非做大事者所为。但事实上，"三思而后行"却是成熟与负责的表现，这样对问题的完美解决有着很大的帮助。也有人害怕"三思而后行"会影响到时机的把握，但是"三思而后行"与快速把握时机并不矛盾，做事情先要进行沉着冷静的思考，做出正确决策后，再把握时机去行动，才有希望获得成功。

人的一生其实就是一个不断应对问题、解决问题的过程。在这个过程中，会有好事发生，但同时也会有不幸与挫折。不管遇到什么事情，最好三思而后行。三思而后行不是犹豫不决，更不是优柔寡断，三思而后行是为了避免冒失做傻事，为了给事情一个缓冲的机会，为了尽量寻找到解决问题的最佳方案。

第三章　遭一蹶者得一便，经一事者长一智

歌德曾说："决定一个人的一生，以及整个命运的，只是一瞬间。"是啊，往往我们一瞬间的冲动，就会毁了自己的一生，所以在我们遇事的时候，不妨多考虑一下后果，做到三思而后行，也许事情就会出现转机。

向前进，困难尽处是成功

跌倒后爬起来还不够，要弄清楚为什么跌倒

这些年来，我一直奉行一个原则：以错误为师。

犯了错误之后，除了改正错误，我还会挖掘导致错误的根子，从而学到很多东西。这些东西包罗万象，或许是人生观的改变、人际关系的改善，或许是对人性本质、自我优缺点，以及对现实与理想的差距的认识，等等，这些都值得我好好总结。

错误中充满宝藏，问题是看我们如何去挖掘、诠释及应用，每个人的诠释方法和角度不同，这些宝藏的价值也有所不同。错误中的教训，是糟粕还是宝藏，一切由我们自己决定。

我们是人，不是神。面对真真假假、迷离纷乱的人生，我们很难不做错事情。历史上许多伟大的发现和发明，像哥伦布和爱迪生的成就，也都是在"错误经验"中诞生的。所以，我们不能因为犯了一次错，摔了一次跤，就不敢再往前走。跌倒之后，只要能够爬起来，弄清楚为什么会跌倒，就能避免下次犯同样的错误，以后的道路才能走得更加顺利。

孔子说："过而不改，是谓过矣。"这句话的意思是改不了的错误才是真正的错误，能够改正并且努力去改正的错误应当说是"好错误"。

春秋时期，鲁国公曾问颜回："我听到你的老师孔子说，同类

第三章 遭一蹶者得一便，经一事者长一智

的错误，你绝不犯第二回。这是真的吗？"颜回说："这是我一生都在努力做到的。"鲁国公又问："这是很难的事情啊！你是怎样做到的呢？"

颜回回答："要想做到这一点并不难。我经常反省自己，看看自己哪些是对的，哪些是错的；做对了的要坚持下去，做错了的，要弄清楚犯错的原因，引以为戒。这样坚持久了，就能够做到无二过。"

从来不犯错误的人是没有的，从来不犯过去曾犯过的错误的人也是不多见的。暂且不论是不是重复过去曾犯过的错误，就是这种经常反省的精神也是十分可贵的。

宋朝文学家苏轼写过一篇《河豚说》，说的是河里的一条河豚，游到一座桥下，撞到桥柱上。它不责怪自己不小心，也不打算绕过桥柱游过去，反而生起气来，恼怒桥柱撞了它。它气得张开两鳃，胀起肚子，漂浮在水面，很长时间一动不动。后来，一只老鹰发现了它，一把抓起了它，转眼间，这条河豚就成了老鹰的美餐。

这条河豚，自己不小心撞上了桥柱子，却不知道反省自己，不去改正自己的错误，反而恼怒桥柱，一错再错，结果丢了自己的性命，实在是自寻死路。

犯了错误之后，我们必须找到犯错的根源，这样才能避免下次犯同样的错误；跌倒之后，我们要弄清楚为什么会跌倒，下次才能避免由于同样的原因跌倒。

向前进，困难尽处是成功

吃一堑，长一智

去过我书房的人都知道，我的书房里挂着一幅书法作品，上面写着"吃一堑，长一智"。

这六个字出自明代王守仁的《王文成公全书·与薛尚谦书》，原文是："经一蹶者长一智，今日之失，未必不为后日之得"。意思是受一次挫折，就会增长一分见识。

在一片深山老林里，有一座"神仙居"位于山顶。

一天，有一个年轻人从很远的地方来求见"神仙居"居者，想拜他为师，修得正果。年轻人进了深山老林，走啊走，走了很久。他犯难了，前方有三条岔路通向不同的地方，年轻人不知道哪一条路可以通向山顶。

忽然，年轻人看见路旁边一个老人在睡觉，于是他走上前去，叫醒老人家，询问通向山顶的路。老人睡眼蒙眬地嘟囔了一句"左边"就又睡过去了。年轻人便从左边那条小路往山顶走去。走了很久，道路突然消失在一片树林中，年轻人只好原路返回。

回到岔路口，那老人家还在睡觉。年轻人又上前问路。老人家舒舒服服地伸了个懒腰，说："左边。"年轻人正要详问，见老人家已经扭过头去不理他了。转念一想，也许老人家是从下山角度来

第三章 遭一蹶者得一便，经一事者长一智

讲的"左边"。于是，他又拣了右边那条路往山上走去。走啊走，走了很久，眼前的路又渐渐消失了，只有一片树林。年轻人只好原路折回。

他又回到岔路口，见老人家还在睡，年轻人不由气涌上来。他上前推了推老人家，把他叫醒，便问道："老人家，你一把年纪了，何苦来欺我？左边的路我走了，右边的路我也走了，都不能通向山顶，到底哪条路可以去山顶？"

老人家笑眯眯地回答："左边的路不通，右边的路不通，那你说哪条路通呢？这么简单的问题还用问吗？"年轻人这时才明白过来，应该走中间那条路。但他总想不明白老人家为什么总说"左边"，带着一肚子的疑惑，年轻人来到了"神仙居"。他虔诚地跪下磕头，居者笑眯眯地看着他，那神态仿佛山下岔路口的那位老人家……

这个故事里包含着几个人生道理，一是，年轻人只有走过左边和右边的路之后，才知道这两条路都不通山顶，说明凡事要自己亲身去经历才知道可行不可行；二是，年轻人在走过左边和右边的路之后，知道走不通，他就不会再次走那两条路了，说明人不会轻易犯同样的错误，他已经向正确的方向迈进了一步。

所以，别为失败伤心，也不要为错误负疚。人非圣贤，孰能无过？只要不是存心做错，偶尔犯错事，是可以原谅，也不必受良心谴责的。无心之过，不但不会受到惩罚，还可以从过错中获得教训，从犯错的经验中，变得聪明起来。

明代的徐渭有一副对联："读不如行，试废读，将何以行；蹶方长智，然屡蹶，讵云能智。"这副对联，科学地阐述了理论与实践、失误与经验的辩证关系。上联是说实践出真知，理论指导行

向前进，困难尽处是成功

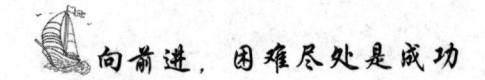

动。下联"蹶方长智"，蹶是指摔倒，不能摔倒后一蹶不振，而应"吃一堑，长一智"。

有人认为"吃一堑"与"长一智"之间存在必然性，那就错了。不是说吃一堑就一定能长一智，而是吃一堑有可能长一智。这种可能性要转变为必然性，必须有一个条件，那就是要从失误中总结教训，积累经验，这样才能长智。如果错后不思量，那么同样的错误还可能会不断重复出现。这就是"然屡蹶，讵云能智"的精辟之处。

一个人遭受一次挫折或失败，就该接受一次教训，增长一分才智，这就是"吃一堑，长一智"的道理之所在。

从前，有个农夫牵了一只山羊，骑着一头驴进城去赶集。

有三个骗子知道了，想去骗他。

第一个骗子趁农夫骑在驴背上打瞌睡之际，把山羊脖子上的铃铛解下来系在驴尾巴上，把山羊牵走了。不久，农夫偶一回头，发现山羊不见了，急忙寻找。这时第二个骗子走过来，热心地问他找什么。

农夫说山羊被人偷走了，问他看见没有。骗子随便一指，说看见一个人牵着一只山羊从林子中刚走过去，准是那个人，快去追吧！

农夫急着去追山羊，把驴子交给这位"好心人"看管。等他两手空空地回来时，驴子与"好心人"自然都没了踪影。

农夫伤心极了，一边走一边哭。当他来到一个水池边时，却发现另一个人也坐在水池边，哭得比他还伤心。农夫挺奇怪：还有比自己更倒霉的人吗？就问那个人哭什么。那人告诉农夫，他带着两袋金币去城里买东西，在水边歇歇脚、洗把脸，却不小心把袋子掉

第三章 遭一蹶者得一便，经一事者长一智

水里了。农夫说，那你赶快下去捞呀！那人说自己不会游泳，如果农夫帮他捞上来，愿意送给农夫20个金币。

农夫一听，喜出望外，心想：这下子可好了，羊和驴子虽然丢了，但即将到手20个金币，把损失全补回来还有富余啊！他连忙脱光衣服跳下水捞起来。当他空着手从水里爬上来时，发现衣服不见了，衣服里的干粮跟仅剩下的一点钱也被拿走了！

这个故事告诉我们，农夫没出事时麻痹大意，出现意外后惊慌失措而造成损失，造成损失后又急于弥补，因此又酿成大错。三个骗子正是抓住农夫的性格弱点，轻而易举地全部得手。

我们在工作、生活中遭受类似的挫折和失败是难以完全避免的，虽然"吃堑"终归不是什么好事情，但如果吃了堑，也不长智，就是愚蠢至极了。

身陷逆境，多想想自己错在哪里

"为什么受伤的总是我？我到底做错了什么？"——每一个身处逆境中的人，都应该在脑海中多问自己几个为什么。

逆境之所以缠上自己，大部分的根源在于自己。

比如做生意遭了骗，根源在于自己的轻信；比如考研失利，根源在于自己学业不够精进……治病要找到病源方能对症下药，突破逆境也需要通过自省找到导致逆境的根源，方能找到突破的途径。

自省也就是指自我反省，通过自我反省，人可以了解、认识自己的思想、意识、情绪与态度。一个人如果不懂自省，他就看不见自己的问题，更不会有自救的愿望。

从来不犯错误的人是没有的，从来不犯过去曾经犯过的错误的人也是不多见的。

那么，人应该在什么时候反省自己呢？

孔子的弟子曾子，关于自省有一段著名的论述："吾日三省吾身，为人谋而不忠乎？与朋友交而不信乎？传不习乎？"

曾子告诉我们，每天要三次反省自己，从三个方面去检查自己的思想和言行：一是反省谋事的情况，即对自己所承担的工作是否忠于职守；二是反省自己与朋友的交往是否信守诺言；三是反省自己是否知行一致，即是否把学到的知识做到身体力行。

第三章 遭一蹶者得一便，经一事者长一智

总之，要通过自省从思想意识、情感态度、言论行动等各个方面去深刻认识自己、剖析自己。

"一日三省"是一种为人处世的高标准、严要求，而"身处逆境时自省"则是做事的底线。

一个部落首领的儿子在父亲去世后承担起了领导部落的任务。但是，由于他花天酒地，游手好闲，部落的势力很快衰退下来。在一次与仇家的战役中，他被仇家所在的部落擒获。仇家的首领决定第二天将他斩首，但是可以给他一天的时间自由活动，而活动的范围只能在一个指定的草原上。

当他被放逐在茫茫的大草原上时，他感觉，这个时候，自己已经完全被整个世界抛弃了，死亡将很快成为自己的最终归宿。他回忆起曾经锦衣玉食的日子，想起了自己部落辛苦劳作的牧民，想起了那些英勇的武士卖命效力，他终于认识到自己的错误，追悔莫及。

他想，如果能让我重来一次，上天再给我一次机会，绝对不会是这样一个结果。于是，他想在自己生命的最后24个小时做一些事情，来弥补自己曾经的过失。

他慢慢地行走在草原上，看见很多贫苦而又可怜的牧民在烤火，他把自己头顶上的珍珠摘下来送给他们；他看见有一只山羊跑得太远，迷失了方向，他把它追了回来；他看见有孩子摔到了，主动把他扶了起来：最后，他还把自己一件珍贵的大衣送给了看守他的士兵……

他终于做了一些自己以前从没做过的事情，他觉得自己内心还是善良的，可以满意地结束自己的生命了。

第二天，行刑的时候到了，他很轻松地步入刑场，闭上眼睛，

向前进，困难尽处是成功

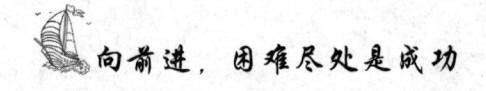

等待刽子手结束自己的生命。可是等了很久，刽子手的刀都没有落下，他觉得很奇怪。当他慢慢把眼睛睁开的时候，才看见那个仇家首领捧着一碗酒微笑着站在他面前。

那个仇家首领说："兄弟，在这一天当中，你的所作所为让我感动，也让我重新认识了你，我们两个部落的牧民本来可以和睦愉快地相处，却因为一些私利互相仇视，彼此杀戮，谁都没有过上太平的日子。今天，我要敬你一杯酒，冰释前嫌。我们就此结为兄弟，你看如何？"

之后，年轻首领回到了部落，再也没有纸醉金迷地生活，而是勤政爱民，发誓要做一个优秀的部族首领。从此以后，这两个部落的牧民再也没有发生过战争，彼此融洽和平地生活在草原上。

身处逆境，要多想想自己错在哪里，及时改正。

昨天已经结束，今天是又一个崭新的开始。无论遭遇怎样的逆境，只要勇于发现自己的缺点，改正自己的错误，人生都可以重新开始，未来都会有新的转机。

第三章　遭一蹶者得一便，经一事者长一智

成年人最大的智慧是及时止损

电视剧《三十而已》中"双商"在线、能力强的顾佳圈粉无数。之所以想起这部剧，源于我的表姐。当然，她并没有遭遇老公出轨，只是经历了一场婚变。

三个月前，表姐拖着巨大的行李箱，抱着四岁的娃，招呼也没打一个就忽然回到了娘家。这是她远嫁五年来第三次回家——第一次是新婚当年的元旦，第二次是怀孕养胎的时候。

表姐与表姐夫是大学同学，毕业第二年就结了婚，定居在了2000公里外的表姐夫的家乡。当时，舅舅舅妈极力反对这门婚事，但是表姐坚信她找到了一块被沙土裹住的金子，断言表姐夫定能做出一番事业。

事实正如表姐所言，表姐夫确实是个既有上进心又聪明肯干的人。结婚刚五年，他就已经创办了自己的公司——虽然员工只有十几人，但年均净收入也有二三百万元。此时，表姐早已是小城亲戚口中的"阔太太"，大家都觉得她每天的生活定是十指不沾阳春水、衣来伸手饭来张口、每天忙着购物打牌做美甲……

但事实上我知道，自从结婚以来，她虽然没有上过一天班，但是每天都在操持家务、照顾公婆，现在还要照顾年幼的孩子。亲戚们想象中的保姆是不存在的，而她才是他们家最能干的"保姆"——还是不用付薪水的那种。

结婚不到半年，公婆就以年龄大了，上老房子的楼梯太累为由，住进了他们这个有电梯的新房。此后的每一天，表姐早晨5点起床准备全家人的早餐，有时是煎蛋、面包、牛奶，有时是包子、稀粥、小菜，偶尔有谁想吃油条、豆浆她就要走路十分钟去那家熟悉的早餐店买回来。早餐后，她洗碗、洗衣服、整理房间、拖地板、刷拖鞋；十点开始准备午餐，一般是一荤一素一凉菜一汤。午餐后公婆睡午觉，而她要去超市采购晚餐的食材；下午四点半开始准备晚餐，两荤两素一汤；晚餐后帮老公擦皮鞋、搭配熨烫老公第二天上班要穿的全套衣裤。后来有了孩子，又增加了给孩子洗衣服、换尿布和喂奶的工作。婆婆偶尔搭把手做顿饭，仿佛是天大的恩赐。

表姐并没有计较谁做家务多一点，谁做家务少一点，她觉得老公负责赚钱，她负责照顾家庭，分工明确，大家都辛苦，要互相体谅。

转折发生在她回娘家的前几天晚上。那天下午幼儿园开家长会，结束得比较晚，儿子又嚷着要吃肯德基，于是她给婆婆打了个电话，说明情况，叫他们自己吃饭不用等她。吃完肯德基，她又带着儿子去旁边的商场逛了逛，给自己买了条裙子——刚刚的家长会上，她觉得自己穿得太寒酸了。

这几年她都没怎么买过衣服，毕竟她每天的活动范围基本仅限于家和超市，在这个城市又没有什么朋友，没有聚会和应酬，渐渐也就不再捯饬自己。

但是这天，她就很想给自己买条漂亮的裙子——她可不想下次家长会上还是打扮最寒酸的妈妈。

晚上八点，她穿着新裙子，带着儿子高高兴兴回到家，等待她的却是全家人冷冰冰的面孔。老公黑着脸说要跟她谈一谈，婆婆面

第三章　遭一蹶者得一便，经一事者长一智

无表情地拉孙子去洗手换衣服，公公一语不发地起身回了卧室。

接下来无外乎那些听惯了的狗血情节，老公指着她身上的新裙子，说她每天只知道花钱、臭美、不顾家，这么晚了还带孩子在外面玩……

最后他说："真不知道我娶你回来有什么用！"

"一切家务都是我在做，你说我没用？"表姐不可置信地看着眼前的男人，这话竟是从他嘴里说出来的？

"做个家务你还觉得自己功劳很大？每天花200块钱请的小时工，做得比你好！"男人依旧理直气壮。

"那你有每天给过我200块钱工资吗？"表姐感觉自己好像从未真正认识眼前的这个人。

"我养着你，供你吃，供你穿，没让你上过一天班，还要给你工资？"男人也咆哮起来。

后来的情节，表姐并没有细说，只是悄悄给我看了一本深红色封皮的离婚证，和一纸离婚协议。

她并没有告诉父母自己已经离婚，只说想他们了，小住几天就回去。她怕父母难过，也不愿成为亲戚们的饭后谈资。

半个月后，她带着孩子来到我工作的城市，租了一间离我很近的房子，给孩子找了一个有晚间托管的幼儿园——只要多加一点钱，孩子可以在幼儿园一直待到家长来接，哪怕晚上十点、十一点都可以。

接着，她开始到处投简历。她多年没有工作过，好在有名牌大学的文凭做背书，找个一般的工作不是很难。

发第一个月工资的那天，她执意要请我吃饭。那天她喝了点酒，看得出她很高兴。她说，这么多年，她第一次呼吸到自由的空气。

我问她,以前陪着表姐夫吃了那么多苦,终于现在生活好了,就这么放手,不觉得可惜吗?

表姐说:"你看这么多年,我付出的是什么,我得到的又是什么?他们全家都觉得我不出去工作,只是做了一点点家务,生活简直不要太清闲。但是我宁愿把伺候他们全家的时间用来工作,用来提升自己。做了五年家务,我变成了一个黄脸婆,他还觉得他养活了我。如果工作五年,我不相信赚不回自己租房、吃饭、穿衣那点钱。所以现在我反悔了,我不当他的免费保姆了,我要出去工作,我要自己养活自己,不看任何人的脸色。成年人最大的智慧就是及时止损。以前浪费的时间我不计较了,但是从今以后,我只想把时间用在值得的人和事情上。"

及时止损,说来轻巧,但是真正能做到的人又有几个呢?

我看过很多人,明明婚姻生活一点都不幸福,甚至明知另一半出轨,仍然死命抓着不肯放手,因为不愿把自己辛苦经营的家庭拱手让人;很多人,明明在目前的工作上已经没有任何上升空间,仍然不肯换个平台,因为觉得"做生不如做熟"。这些人,表面上看保住了多年奋斗的成果,其实他们损失的是自己未来的人生——未来可能更好的人生。

及时止损,这样的智慧不是人人都有,但我希望能有越来越多的人想清楚这一点。

第三章　遭一蹶者得一便，经一事者长一智

花点时间去学习别人失败的经验

要花时间去学习别人失败的经验——这是马云在一次演讲中所说的。

爱迪生也说过："失败也是我需要的，它和成功对我一样有价值。"

你有没有想过，当几乎所有人都在向往成功，渴望学习成功经验的时候，为什么不少成功者反倒会告诉我们失败的经验有多么重要？

每个人都向往成功，这个世界上也并不缺少成功者。但是，这些成功者都有一个共同的特点，就是在他们成功之前，都曾经历过不止一次的失败。也正是这些失败，让他们积累经验，为他们奠定成功的基石，使他们一步一步走上成功的金字塔尖。

没有创办翻译社失败的经验，就没有马云阿里巴巴的成功。

没有三千次试验失败的经验，就没有爱迪生的灯泡照亮全世界。

没有兵败吴国的经验，就没有勾践卧薪尝胆三千越甲可吞吴的豪迈。

没有一次又一次竞选失败的经验，就没有林肯当选美国总统解放黑奴的伟大功绩。

正是从失败的经验中，他们得到了教训，清楚了自己的不足，改正了自己的错误，在下一次做到更好。在失败和改正中，一次一次完善自己。

向前进,困难尽处是成功

改正了所有不足之日,也就是成功降临之时。

多了解别人失败的经验,可以让你少走很多弯路,避开很多陷阱和雷区。

李彦宏就是一个善于从别人的失败中学习的人。在1997年,李彦宏前往硅谷著名搜索引擎公司搜信(Infoseek)公司工作。

在硅谷,李彦宏目睹了搜信在股市上的无限风光以及后来的惨淡。

次年,李彦宏在自己撰写的《硅谷商战》中分析总结道:"技术本身不是唯一的决定性因素,商战策略才是决胜千里的关键;要允许失败,让好主意有条件孵化;要容忍有创造性的混乱;要有福同享……"这些硅谷商战经验,后来被他得心应手地运用到了百度的创业中。

正是因为善于从别人的失败中学习经验,才有李彦宏百度的成功。

戴尔公司董事会主席麦克·戴尔说:"我们一向把错误当成学习的机会,重点是要从所犯的错误中好好学习,才能避免重蹈覆辙。"

普通人只会从自己的失败中获得教训,而聪明的人还会从别人的失败中学习经验。

了解别人失败后的痛苦,可以让我们更谨慎地行事,让我们懂得做事要多思量,不要盲目冲动。任何一个看似不经意的行为,都可能导致计划的全盘失败。

正如蝴蝶效应告诉我们的:一只南美洲亚马逊河流域热带雨林中的蝴蝶,偶尔扇动几下翅膀,可以在两周以后引起美国得克萨斯州的一场龙卷风。同样,我们的一项小小的错误决策,也有可能导致一场严重的失败。

第三章 遭一蹶者得一便，经一事者长一智

我们要学会谨慎处事，考虑周全，凡事不要盲目，更切忌冲动。除此之外，我们还要观察别人面对失败的态度。

有的人失败以后一蹶不振，陷入悔恨与懊恼中不能自拔，往后的人生再没有起色；有的人失败以后总结经验，吸取教训，展开下一轮冲锋。

哪一种心态是我们应该避免的，哪一种心态是我们应该学习的，一目了然，不言而喻。

我们更要学习别人失败以后走出困境的方法，看他是怎样弥补自身的不足，改正自己的缺点；看他是如何争取下一次机会，如何取得最终的胜利。

花时间学习别人失败的经验，可以让我们在前进的路上避免掉坑，避免踩雷。

花时间学习别人失败的经验，可以让我们体验失败的痛苦，从而谨慎行事。

花时间学习别人失败的经验，可以让我们懂得该怎样面对人生中的种种不幸。

花时间学习别人失败的经验，可以让我们了解别人应对失败的方法，关键时刻为自己所用。

花时间学习别人失败的经验，可以让我们未来的人生之路走得更加顺遂，减少不必要的困苦和波折，更快更顺利地抵达我们向往的远方，遇见更美好的自己。

向前进，困难尽处是成功

常规道路走不通，不妨试试逆向思维

2021年6月，神舟十二号载人飞船发射成功，中国人首次登上了自己的空间站。这一刻的成功背后，凝结着一代又一代中国航天人的智慧与汗水。

1964年，为了解决我国第一枚中近程火箭射程不够这个难题，专家们都在考虑怎样给火箭添加推进剂。就在大家束手无策的时候，当时军衔最低的年轻人王永志——后来的中国载人航天工程首任总设计师，提出从火箭体内泄出600公斤燃料减轻重量，就可以增加射程。大家都感到不可思议："本来火箭射程就不够，你还要往外泄？"当时的总指挥钱学森支持了他的想法。果然，这个办法解决了中近程火箭的射程问题。

正是这种逆向思维，帮助了中国在航天事业上迈进了一大步。
在有些情况下，顺向行不通了，就走走逆向；从这个方向思考找不到答案，再从相反方面想一想，说不定会另辟蹊径，成为原创性思维，取得意想不到的收获。这就是逆向思维的可贵之处。

加里·沙克是一个有犹太血统的老人，退休后，他在学校附近

第三章　遭一蹶者得一便，经一事者长一智

买了一间简陋的房子。住下的前几个星期还很安静，不久就有四五个小孩子开始在附近踢垃圾桶闹着玩。

老人受不了这些噪声，出去跟小孩子谈判。"你们玩得真开心。"他说，"我喜欢看你们玩得这样高兴。如果你们每天都来踢垃圾桶，我将每天给你们每人一块钱。"

几个小孩子很高兴，更加卖力地表演"足下功夫"。不料一周后，老人忧愁地说："最近我的收入少了，从明天起，只能给你们每人五毛钱了。"

小孩子显得不大开心，但还是接受了老人的条件。他们每天继续去踢垃圾桶。又过了半个月，老人对他们说："冬天要来了，我准备多买点煤炭过冬，所以，对不起，每天只能给两毛了。""两毛钱？"一个小孩子说："我们才不会为了区区两毛钱浪费宝贵的时间在这里表演呢，不干了！"

从此以后，老人又过上了安静的日子。

对于小孩子，有时候说服、说教或者强制的命令只会适得其反。利用逆向思维，改变他们的思路，让他们觉得这是一件"不划算"的交易，自然就会放弃，而事情的结果才能向自己希望的方向发展。这个方法，其实也适用于很多场合。

当生活中出现一些看似让我们无能为力的事情时，不妨转换一下思路，运用逆向思维来思考一下这个事情，有时候我们以为是"山穷水尽疑无路"，其实却是"柳暗花明又一村"。

麦克是《纽约时报》的一位著名记者，当他第一次来《纽约时报》办公室面试时，他紧张兮兮地等在办公室门外，申请材料已经

向前进，困难尽处是成功

送进去了。过了一会儿，门开了，一个小职员出来："主任要看您的名片。"而麦克从来就没有准备过什么名片，他灵机一动，拿出一副扑克牌，抽出一张黑桃A说："给他这个。"

或许是麦克的自信和善于变通的头脑吸引了主考官，没多久，麦克就被录用了。

这就是由逆向思维带来的好处，不走寻常路，并朝着事物的反方向思考，改变常规思维，反其道而行之。在生活中，多用逆向思维思考，不仅可以让我们寻找到事物不同的解决方法，还可以在一定条件下，为我们带来财富。

有一次，英国一家足球生产厂接到了一份"莫名其妙"的控诉，因此而面临一场不大不小的危机。但他们的工作人员凭借着超常的智慧和方法将自己所处的"劣势"转变成"优势"。事情的经过是这样的——

在英国麦克斯亚洲的法庭上，一位中年女士声泪俱下，面对法官，严词指责丈夫有了外遇，要求和丈夫离婚。她对法官控诉了自己的丈夫，指责他不论白天还是黑夜，都要去运动场与那"第三者"见面。法官问这位女士："你丈夫的'第三者'是谁？"她大声地回答："'第三者'就是臭名远扬、家喻户晓的足球！"

面对这种情况，法官啼笑皆非，不知如何是好，只得劝这位女士说："足球不是人，你要告也只能去控告生产足球的厂家。"不料，这位女士果真向法院控告了一年可生产20万只足球的足球制造厂。

更让人意想不到的是，这家被控告的足球制造厂，在接到法院的传票后，不怒反喜，竟十分爽快地出庭。

第三章 遭一蹶者得一便，经一事者长一智

英国人对足球的酷爱几乎达到了发狂的地步，这场因足球而引起的官司自然在全英国产生了巨大的轰动效应，各个新闻媒体纷纷出动，做了大量的报道。

头脑精明的厂长，敏锐地利用了一次非常糟糕的事件大做文章，没花一分钱的广告费，就让他和他的足球制造厂名声大振。

这位厂长在接受记者采访时说："这位太太与她的丈夫闹离婚，正说明我们厂生产的足球魅力之大，并且她的控词为我厂做了一次绝妙的广告。"自此，这家足球制造厂的产品销量直线上升，成为同行中的"领头羊"。

一次看似无厘头的官司，却给商家带来了契机，这不得不说也是商家决策、思维上的精明之处。懂得抓住事物的本质，从事物的不同方面入手，变不利为有利，为自己赢得最后的胜利。

地质学家华莱士在总结其一生成败经验的著作《找油的哲学》中这样写道："找油的方法就在人的大脑中。"他提出了一个著名的观点：人的大脑里蕴藏着丰富的宝藏，而思路是其中最珍贵的资源。

诚然，并不是所有逆向思维都能为人们带来好处、收益，关键是你的思维要正确、积极，而不能与人们的是非、道德观念背道而驰，否则，就是自掘坟墓。

日本丰田汽车公司的创始人丰田喜一郎说过这样的话："如果我取得了一点成功的话，那是因为我对什么问题都倒过来思考。"

俗话说：顺着河流走，可以发现大海；逆着河流走，可以发现源头。世界上的事常常是两极相通的。有时候当一条路走不通时，我们不妨顺着事情的反方向思考一下，说不定还能找到出人意料的答案。

向前进，困难尽处是成功

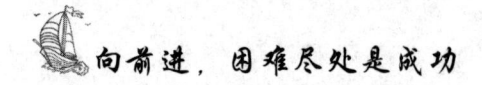

炒股的人，往往喜欢买入价格日渐高涨的股票，抛出价格日渐走低的股票。但是沃伦·巴菲特曾经说过这样一句话："在别人恐惧时我贪婪，在别人贪婪时我恐惧。"在投资领域，这也就意味着"低价买入，高价卖出"，这就是一种逆向思维。也正是凭借着这种逆向思维，使他在股市赚得盆满钵满，甚至成为一代"股神"。

在任何领域都是一样，要尝试使用逆向思维，打破常规，别出心裁，寻求到解决问题的新方法。

04

第四章 人生是场漫长旅途，要有目标，更要有行程攻略

在一个崇高的目标支持下，不停地工作，即使慢，也一定会获得成功。

——爱因斯坦

第四章　人生是场漫长旅途，要有目标，更要有行程攻略

知道自己为什么而活，就可以忍受任何一种生活

　　程涛是我在大学时期的学长，大我一岁。大学毕业那年，他放弃了保送本校研究生的名额，考取了日本东京大学的化学工程专业。

　　程涛的家境并不十分富裕，勉强支付得起他的学费。而生活费，就要靠他在课余时间打工赚得。他在日本同时打两份工，一份是便利店的收银员，另一份是寿司店的服务员。

　　而他住的地方，是与另一位中国留学生合租的总共不足50平方米的小房子。与他视频聊天的时候，我见过他的小房间，那是一间和式住宅，只有一张双人床大小，老旧的木地板踩上去吱嘎作响，房间内唯一的家具是一张小桌子，放在双人床大小的榻榻米上，那是他读书写字的地方。被褥叠得整整齐齐放在墙角，装衣服的拉杆箱放在另一个墙角。头顶的昏黄灯泡摇摇晃晃，我劝他换个亮一点的灯，以免读书累坏了眼睛，但他告诉我要节省电费。

　　他告诉我，在寿司店学会了捏寿司，下次回国做给我吃；他与室友互相帮忙理发，现在已经抵得上半个理发师；日本的水果和肉太贵了，他想吃西瓜、荔枝、水蜜桃、排骨、烤鸭、涮羊肉；他说："哎，你怎么哭啦？我挺好的，别担心，再有两年就毕业了，忍忍就过去啦……"

　　那样的生活，我不知道他是怎样忍受的，但是他告诉我，只要

向前进，困难尽处是成功

知道自己为什么而活，就可以忍受任何一种生活。他心中装的是自己的理想，而抵达目标途中所经历的一切都只是风景，美好的风景就用心体验，不美好的风景就不放在心上。

这不禁让我想到了法国的长跑运动员阿兰·米穆。

阿兰·米穆是法国10000米长跑纪录创造者、第14届伦敦奥运会10000米赛亚军、第15届赫尔辛基奥运会5000米亚军、第16届墨尔本奥运会马拉松赛冠军，后来在法国国家体育学院执教。

米穆出生在一个相当贫穷的家庭。从孩提时代起，他就非常喜欢运动。可是，家里很穷，他甚至连饭都吃不饱。这对任何一个喜欢运动的人来讲都是很难堪的。例如，踢足球，米穆就是光着脚踢的，他没有鞋子。母亲好不容易给他买了双草底帆布鞋，为的是让他去学校念书穿的。如果米穆的父亲看见他穿着这双鞋子踢足球，就会狠狠地揍他一顿，因为父亲不想让他把鞋子踢破。

12岁时，米穆已经有了小学毕业文凭，而且评语很好。他母亲对他说："你终于有文凭了，这太好了！"妈妈去为他申请助学金，却遭到了拒绝。

没有钱念书，于是米穆就当了咖啡馆里跑堂的。他每天要工作到深夜，但还一直坚持长跑。为了能进行锻炼，他每天早上5点钟就起来，累得脚跟都发炎了。赚钱糊口，米穆就没有多少时间去训练。不过，他还是咬紧牙关报名参加了法国田径冠军赛。赛前，米穆仅仅进行了一个半月的训练。他先是参加了10000米比赛，得了第三名。第二天，他又参加5000米比赛，得了第二名。就这样，米穆被选中参加伦敦奥林匹克运动会。

对米穆来说，这简直是不可思议的事情！他在当时甚至还不

第四章　人生是场漫长旅途，要有目标，更要有行程攻略

知道什么是奥林匹克运动会，也从来没有想到奥运会是如此规模宏大。世界各国的运动员集结在了一起。在那个时刻，他才知道自己是代表法国参赛的。

但有些事情让米穆感到不快，那就是，他并没有被人认为是一名法国选手，没有一个人看得起他。比赛前几个小时，米穆想请人替自己按摩一下，于是他很不好意思地去敲了敲法国队按摩医生的房门。

按摩医生问他："有什么事吗，我的小伙计？"

米穆说："先生，我要跑10000米，您是否可以帮我按摩一下？"

医生一边继续为一个躺在床上的运动员按摩，一边对他说："请原谅，我的小伙计，我是被派来为冠军们服务的。"

米穆知道，医生拒绝替自己按摩，无非就是因为自己不过是咖啡馆里的一名小跑堂罢了。但他没有表现出愤怒，而是微笑着告辞。

那天下午，米穆参加了对他来讲具有历史意义的10000米决赛。他当时仅仅希望能取得一个好名次，因为伦敦那天的天气异常干热，很像暴风雨来临的前夕。比赛开始了，同伴们一个又一个地落在他的后面。米穆成了第四名，随后是第三名。很快，他发现，只有捷克的长跑运动员扎托倍克一个人跑在他前面。最后，米穆得了第二名。

米穆就这样为法国也为自己赢得了第一枚奥运银牌。然而，最使米穆感到难受的，是当时法国的体育报刊和新闻记者。他们在第二天早上便边打听边嚷嚷："那个跑了第二名的家伙是谁呀？啊，准是一个北非人。天气热，他就是因为天热而得到第二名的！"

让米穆感到欣慰的是，四年以后，他又被选中代表法国去赫尔辛基参加奥运会了。在那里，他打破了10000米法国纪录，并在被

向前进，困难尽处是成功

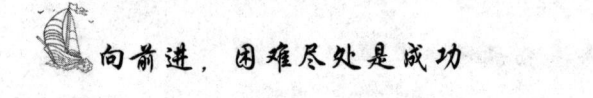

称为"20世纪5000米决赛"的比赛中，再一次为法国赢得了一枚银牌。

随后，在墨尔本奥运会上，米穆参加了马拉松比赛。他在最后400米超常发挥，终于成为奥运会冠军！

在人生的旅途上，每个人都可能会遇到许多阻碍，都可能会遭遇别人的轻视、嘲笑、打压……但这都没关系，只要知道我们自己想要的是什么，坚定自己的目标，就会有决心、有毅力战胜任何困难，在人生的道路上越走越远。

第四章　人生是场漫长旅途，要有目标，更要有行程攻略

做对的事情，而不仅仅是把事情做对

几年前，我在家乡开过一年快餐店，名叫"小时候的味道"。店开在一个大学旁边，当时的想法是要做得有情怀。

店里摆满动漫手办，墙上挂着一排草帽海贼团的悬赏令，窗边的刀架上供着索隆的三代鬼彻，收银柜台上摆着路飞的三只船。

来吃饭的人不多，但是每天都有很多学生来跟我的动漫周边合影。

开店那段时间，我每天不是在后厨做帮工，就是在前台做收银，还兼任服务员，不时洗洗碗。刚刚二十几岁，纤纤十指已然粗糙油腻起来。饭点过后腰酸背痛地收拾完卫生，抬头看见隔壁店卖牛肉板面的阿姨正悠哉游哉地坐在门前的椅子上跟人聊天嗑瓜子。

月底算账，不赚反亏。

这样的日子持续了近一年时间，当初的斗志与情怀终于被不断上升的财政赤字吞没。

总结原因，菜品单调，价格太高，成本把控不严。虽然声势浩大，但难逃倒闭命运。

至今想起来，我都觉得当初是不是脑袋被门夹过才会跑去开这么一个店。坐办公室吹吹空调、喝喝咖啡、码码字、赚赚钱不好吗，非要去吃苦受罪赔得底儿掉？

有些年轻人看了卖煎饼的大妈月入三万元，也跃跃欲试觉得这

向前进，困难尽处是成功

行钱好赚。事实是，别人能赚到钱的行业，未必适合你。你要找到适合自己的位置，做对的事情，而不仅仅是把事情做对。

有些低谷并非我们不够努力，也并非没有机会，而是我们根本就上错了舞台——我们不是做这一行的料，我们的能力应该在另一片天地去散发它应有的光辉。

我们的才能就是我们的天赋。"我能做什么？"这是必须问自己的问题。

如果一个人的位置不当，无法在工作中发挥自己的长处，他就会处在永久的卑微和失意中。

很少有人知道，伽利略最初是学医的。他硬着头皮学习解剖学和生理学时，身上藏着欧几里得几何学和阿基米德数学，偷偷研究复杂的数学问题。当他从比萨教堂的钟摆上发现钟摆原理的时候，他才18岁。

再也没有什么比一个人喜爱的事业使他受益更大的了。喜爱的事业磨炼其肌体，增强其体质，促进其血液循环，敏锐其心智，纠正其判断，唤醒其潜在的才能，迸发其智慧，使其投入生活的竞赛中。

在我们选择职业时，切记不要考虑怎样赚钱最多，怎样最能成名，我们应该选择最能使自己全力以赴的工作，应该选择最能使自己的品格发展得坚强的工作。

若用黄金做成炒菜的锅，火一烧就化了，还不如用铁做的锅好使。可见，好的东西放错了地方就是垃圾。人，也是如此。

戴维·布朗是美国成功的电影制片人之一，他曾先后三次被三家公司解雇过。他觉得自己不适合在商业销售的公司工作，就到好莱坞去碰运气。结果若干年后，一举发迹成为20世纪福克斯电影公

第四章 人生是场漫长旅途，要有目标，更要有行程攻略

司的第二号人物，后来由于他力荐拍摄《埃及艳后》这一耗资巨大的影片造成公司财务危机，他被解雇了。

在纽约，他应聘到美国图书馆做副主任，但是，他跟上级派来的同僚格格不入，结果又被解雇了。

回到加利福尼亚后，他在20世纪福克斯公司复出，在高层干了六年。然而，董事会并不欣赏他所举荐的片子，他又一次被解雇了。

布朗开始对自己的低谷进行反思：敢想敢说，勇于冒险，锋芒毕露，不惮逞能——他的作为与其说是雇员，倒不如说更像老板，他恨透了碍手碍脚的管理委员会和公司智囊团。

找到了失败的原因以后，布朗开始独自创业经营，连续拍摄了《裁决》《茧》等一系列优秀影片，获得了巨大的名气与收益。由此可见，当年布朗并非是个失败的经理，他是个潜在的企业家。他当初陷入低谷是因为他的性格、作为跟环境及职业不协调。

三百六十行，行行出状元。选对自己为之拼搏的舞台极为重要。选对了，可以成为成就事业的基础；选不对，将会遇到不少弯路及坎坷。所以在确定职业之前，我们应该考虑所从事的职业是否符合自己的志向、兴趣和爱好，与所学专业是否相近，还要考虑其社会意义和未来发展前景如何；工作环境和保障条件如何。

首先，要认清现实的处境。现实需要生存的本领、竞争的技巧和制胜的捷径，要勇于面对社会无情的选择或残酷的淘汰。这个时候，我们在选择别人，别人也在选择我们，没有退路，只有向前走。要认识到有成功者就有失败者，这很正常。

千万不可争强好胜，钻进牛角尖出不来。遇到难题，不妨换一个角度思考，试试把自己的位置放低一点，说不定很快就能柳暗花

明了。

其次，要结合自己的兴趣。兴趣，是一个人力求认识、掌握某种事物，并经常参与该种活动的心理倾向，有些时候，兴趣还是学习或工作的动力。

当人们对某种职业感兴趣时，就会对该种职业活动表现出肯定的态度，就能在职业活动中调动正面的心理活动，开拓进取，刻苦钻研，努力工作，这些都有助于事业的成功。

反之，如果对某种职业不感兴趣，强迫做自己不愿做的工作，这无疑是一种对精力、才能的浪费，也无益于工作的进步。

再者，要符合自己的性格。性格是指一个人在生活过程中所形成的、对人对事的态度和通过行为方式表现出的心理特长，是生活态度，也是行为习惯。譬如，有的人对工作总是赤胆忠心，一丝不苟，踏实认真；有的人在待人处事时总是表现出高度的原则性，坚毅果断，有礼貌，乐于助人；有的人在对待自己的态度上总是表现出谦虚、自信的特质。

人与人的性格差异是很大的。有的人傲气、泼辣；有的人热情、活泼；有的人深沉、内向；有的人大胆自信有余而耐心细致不足；有的人耐心细致有余而大胆自信不足。性格与气质不同，所适合从事的工作自然有所差异。

例如：作为一名文艺工作者，除了要具备这一职业所要求的气质、能力外，其性格应具有活泼、开朗、情感丰富的特征；作为一名教师，除了具有丰富的知识外，还应具备热爱学生，对工作热情负责、正直、谦逊、以身作则等良好品质；作为医生，则被要求有人道主义精神，富有同情心、责任感和一丝不苟的工作态度。

实践证明，没有与职业要求相适应的性格品质，很难顺利地适

第四章 人生是场漫长旅途，要有目标，更要有行程攻略

应工作。

最后，要认清自己的能力。能力直接影响工作的效率，是工作顺利完成的个性心理特征。它可以分为一般能力和特殊能力。例如，观察力、记忆力、理解力、想象力、注意力等属于一般能力，它们存在于广泛的工作范围；而节奏感、色彩鉴别能力等属于特殊能力，它们只会在特殊领域内发生作用。

社会上的任何一种职业对从业人员的能力都有一定的要求，如果缺乏某种职业所要求的特殊能力，即使你有机会真的吃上这碗饭，也难以胜任工作。

所以，在选择职业时绝不能好高骛远或单从兴趣出发，要实事求是地检验一下自己的学识水平和职业能力，这样才能找到"有用武之地"的合适工作。

对于会计、出纳、统计等职业，工作者必须有较强的计算能力，和认真细致的性格特点；工程、设计、建筑规划甚至裁缝、电工、木工、修理工等职业的工作者，需要具备对空间判断的能力和抽象思维能力；而驾驶员、飞行员、牙科医生、外科医生、雕刻家、运动员、舞蹈家等职业工作者，则要具备手眼与肢体的协调能力。

我们必须找到真正适合自己的位置，不要一时头脑发热就树立不切实际的目标。梦想虽好，也要靠现实能力撑腰。选对方向，才能直达目标。

可以有梦想，但不能空想

紫雯是我过去的同事，身高166厘米，体重56公斤。漂亮，但没有到惊艳的程度。

那时她的职业是公司文员，而她的理想是不再做文员。

她想做模特，却并没有受过专业训练，更没有模特职业所要求的身材比例。但她不肯放弃，经常请假参加各种模特选秀比赛，却遭遇了一次又一次的失败。不过，紫雯却乐此不疲。

由于紫雯经常请假外出，领导找她谈过几次，暗示她"如果这样下去，单位会考虑另选他人来做这份工作"。然而，她并没有把领导的话放在心上，依然我行我素，似乎在她心中，只要坚持，自己的"模特梦"就一定能够实现。

劝诫无果，公司最终决定辞退她。对此，她并不在意，因为这份工作对她而言，早已可有可无。现在，她可以全力以赴去实现自己的梦想了。

就这样，她不断地尝试，又不断地失败。30岁以后，当身边的朋友都已在各自岗位上有了一定的作为时，不再年轻的紫雯却仍然苦叹"红颜薄命"。

可以说，紫雯是一个自不量力的典型。她之所以一次又一次地失败，就是因为缺乏实现目标的必要条件。

第四章　人生是场漫长旅途，要有目标，更要有行程攻略

选择目标时，绝不可以冲动与盲目，要将目标设定得恰到好处，在实现目标的过程中，才能多些助力，少些阻力。

之前在一个景区游玩，见到过一个捞鱼游戏的摊子。摊主为前来捞鱼的人提供渔网，十元捞两次，捞起的鱼归捞鱼者所有。

一个小伙子来了兴致，俯下身捞起鱼来。可是，他一连捞破了几张渔网，也没能将自己想要的那条鱼捞上来。

小伙子懊恼不已，忍不住高声嚷道："老板，你这渔网太薄了吧！几乎一沾水就破，这样的网怎么可能捞起鱼来？"

摊主不紧不慢地说："小伙子，看样子你也念过不少书，怎么连这么简单的道理都不懂呢？你一心想捞起自己看中的那条鱼，可你是否考虑过自己手中的网能否承受得起它的重量呢？有追求自然是好事，但也要懂得量力而行啊！"

我想，这和我们追求事业、爱情等都是一样的道理。当我们锁定某一目标时，是否衡量过自身的实力、考虑过自身的条件呢？

事实上，随着物质生活水平的不断提高，很多年轻人在具备一定的物质基础，积累了一定的经验以后，逐渐失去了客观判断的能力。在这种情况下，多数年轻人会产生一种错误的想法："别人有的一切，我都可以拥有。"这时，他们的目标已经脱离了实际，不再与自身条件相匹配。

在19世纪初，拿破仑率领军队，取得了奥斯特利茨战役的胜利。

这位叱咤风云的法国皇帝对此感到非常满意，于是准备"犒赏三军"，便对勇猛的部下们说："你们打算要什么？尽管说出来，我会满足你们的。"

一位部下说："我要率军收复波兰！"

向前进，困难尽处是成功

拿破仑立刻回答："这不成问题。"

又一位部下说："我在未追随您之前是个农民，对土地有着深厚的感情，我想要一块属于自己的土地。"

拿破仑允诺："你一定会有属于自己的土地。"

一位将领提出："陛下，我爱喝酒，我想得到一个酒厂。"

拿破仑毫不犹豫地说："我会给你一个酒厂。"

这时，一位功臣提出："陛下，如果可以的话，我想请您赏赐我一条鲱鱼。"

拿破仑笑了笑："好家伙，现在就赏给他一条鲱鱼。"

拿破仑离开以后，众人围拢过来，纷纷对该人的要求表示不解。

那人说："你们向皇帝要土地、要酒厂、要收复波兰的统军权，皇帝虽然答应了，但兑现的可能性小之又小。我比较现实，只要一条鲱鱼，或许真的能够得到。"

这位大臣显然是智者，他非常清楚，在人生道路上，最佳目标往往并非最有价值的那个，而是最易实现的目标。

年轻人大多志存高远、意气风发，都想成就一番大的事业。不过也正因如此，往往会将"幻想"与"理想"相混淆，追求不切实际的目标，结果，十年以后和今天一样，仍然一事无成。

年轻人胸怀抱负、志向远大，这绝对没有错，但务必记住一点：我们能做的，是成为我们能成为的。

可以有梦想，但不能空想。不以现实为基础的梦想，都是白日做梦。

第四章 人生是场漫长旅途，要有目标，更要有行程攻略

目标要一步一步实现

认识殷悦的那年，她是一家图书公司的编辑，我经朋友介绍把写好的书稿发给她看。那时微信还没有流行起来，她的QQ签名是"一步，两步，三步……"。

熟悉后，一次小聚后我问起她的QQ签名是什么意思，于是听到了这样一个故事：

2012年，26岁的殷悦辞掉了家乡小城安稳的事业单位工作，背着不大的双肩包，带着几件随身衣物和几千元钱，只身一人登上了来北京的绿皮火车。

为什么做出这样的决定呢？我不解。26岁，在她的家乡小城，已经是该结婚生子的年纪了吧？

"为了理想啊。"她笑笑，说，她从小喜欢读书，一直有一个做出版的梦想，她想做一本愿意带到自己坟墓里的书。

初到陌生的城市，没有相关的工作经验，她就从基础的校对员做起，用了三年时间打好根基，弥补了学历专业不对口的不足。后来辞职去了一家公司做文案，每天写稿写到深夜，不断地被挑剔，被退稿，跌跌撞撞终于也站稳了脚跟。一次机缘下，跳槽去了一家图书公司做编辑，实现了又一次跨越。

我以为故事到此结束。

向前进，困难尽处是成功

几年后再见殷悦，她已经是那个图书公司的副总，管理着编辑、排版、发行等各部门几十号人，早已不是当初只会伏案改稿的小姑娘。

现在的她，做着名为朝九晚五双休日的工作，却干着实为"5+2""白加黑"的活儿，其中艰辛，自不必言。

我想，支撑她一路走下来的，正是那"一步，两步，三步"被划分成小块的梦想吧？

科学家们曾经做过这样一个实验：

以30个人为实验对象，平均分成三组，要求各组分别走到60千米处的一个村落，观察各组人员完成任务以后的反应。

第一组，路程、目的地不详，他们的任务就是随着领队前行。结果，刚刚走了五分之一的路程，组员们便开始抱怨；走到五分之二的距离时，组员们开始叫苦不迭；走到四分之三处时，大部分人已经发起火来；走完全程以后，所有人的脸上都带着极度的沮丧与愤怒。统计结果表明，这一组花费的时间最长，而且情绪也最为低落。

第二组，大目标确定（已知村落的名字），也知道具体路线，但沿途未设路牌，无法预计时间与速度，只能依靠经验判断。结果，走到二分之一处时，已有人开始询问领队；走到四分之三处时，大多数人出现消极情绪；到达终点以后，所有人都苦不堪言。

第三组，方向、目标、具体路线详知，且沿途设有路牌作为指引，领队佩戴手表告知大家行进速度、剩余路程。第三组成员以每一个路牌为小目标，逐步完成，一路上大家欢声笑语、相互调侃，不知不觉便走完了全程。统计显示，第三组所花费的时间最短，而且也是情绪最好的。

第四章　人生是场漫长旅途，要有目标，更要有行程攻略

这一实验说明，看不到目标，会使人产生懈怠、恐惧、愤怒的情绪；如果能够明确目标，并将目标细化成若干等分，并不断提示进展速度，人们就会自觉地克服困难，以轻松的心情迎接挑战，努力实现目标。

目标越细越好，最好能细化到每天和每小时，让自己真真切切地看到自己的目标在哪里，知道自己行进到了哪个阶段。实现了每一个细小的目标以后，大目标就可以水到渠成地完成了。

艾德尔以前在君士坦丁堡、巴黎、罗马，都曾尝过贫穷且挨饿的滋味，然而在纽约，处处充溢着富贵气息，艾德尔尤其为自己的失业感到可耻。

艾德尔不知道该怎么办，因为他觉得自己可以胜任的工作非常有限。他能写文章，但不会用英文写作。

白天，他就在马路上东奔西走，目的倒不是锻炼身体，而是为了躲避房东催缴房租。

有一天，艾德尔在42号街碰见了一位金发碧眼的高个子男子。艾德尔立刻认出他是俄国著名歌唱家夏里宾先生。

艾德尔记得自己小时候，常常在莫斯科帝国剧院的门口，排在观众的行列中间，等待好久之后，才能购到一张票，去欣赏这位先生的演唱。后来，艾德尔在巴黎当新闻记者，曾经去访问过他。艾德尔以为他是不会认识自己的，然而他却还记得艾德尔的名字。

"很忙吧？"夏里宾问艾德尔。艾德尔含糊回答了他。艾德尔想：他已一眼看清了我的境遇。

"我的旅馆在第103号街，百老汇路转角，跟我一同走过去，好不好？"夏里宾问艾德尔。

向前进，困难尽处是成功

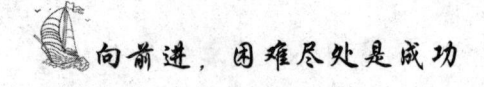

这时已是中午，艾德尔已经走了5小时的马路了。艾德尔一脸苦相地说："但是，夏里宾先生，还要走60个马路口，路不近呢！"

"谁说的？"夏里宾毫不迟疑地说，"只有5个马路口。"

"5个马路口？"艾德尔觉得很诧异。

"是的，"夏里宾说，"但我不是说到我的旅馆，而是到第6号街的一家射击游艺场。"

这有些答非所问，但艾德尔却顺从地跟着夏里宾走，一会儿就到了射击游艺场的门口，看着两名水兵，好几次都打不中目标。然后，他们继续前进。

"现在，"夏里宾说，"只有11条横马路了。"艾德尔摇摇头。

不多一会儿，走到卡纳奇大戏院，夏里宾说："我要看看那些购买戏票的观众究竟是什么样子。"几分钟之后，他们继续向前进。

"现在，"夏里宾愉快地说，"离中央公园的动物园只有5条横马路了。里面有一只猩猩，它的脸很像我所认识的一位唱次中音的朋友。我们去看看那只猩猩。"

又走了12个横路口，已经来到百老汇路，他们在一家小吃店前面停了下来。橱窗里放着一坛咸萝卜。夏里宾遵医生之嘱不能吃咸菜，于是他只能隔窗望望。"这东西不坏呢，"夏里宾说，"使我想起了我的青年时期。"

艾德尔走了许多路，原该筋疲力尽了，可是奇怪得很，今天反而比往常好些。这样断断续续地走着，走到夏里宾旅馆的时候，夏里宾满意地笑着："并不太远吧？现在让我们来吃中饭。"

在午餐之前，夏里宾解释给艾德尔听，为什么要走这许多路。"这是生活艺术的一个教训：你与你的目标之间，无论有怎样遥远的距离，都不要担心。把你的精神集中在5条街口的短短距离，别

第四章 人生是场漫长旅途，要有目标，更要有行程攻略

让遥远的未来使你烦闷。常常注意未来24小时内使你觉得有趣的小玩意。"

夏里宾先生把60个路口一次又一次地分割成更小的目标，最终分割到5个路口。每次只是走一段路实现一个小的目标，而总的大目标实现起来就容易多了。

我们的目光不可能一下子投向十年之后，我们的手也不可能一下子就触摸到十年以后的那个目标。为了不让自己因目标遥不可及而心生倦怠，从现在开始，我们应该一步一步走向成功，每天都能看见通往终点的路标，每天都能尝到成功的甘甜，体会到奋斗的喜悦与满足，脚踏实地的付出换来的永远是实实在在的收获。

许多年轻人，之所以在前行的路上折戟而返，往往不是因为成功的难度太大，而是觉得目标距离自己太遥远。换句话说，他们并不是因为失败才不得不放弃，而是因为胆怯而走向了失败。

如果他们能聪明一点，将目标化整为零，把长距离分成若干个短距离，然后分阶段实现它。那么，他们就可以因不断成功，激发出更大的动力去实现下一个目标。

我们的梦想要一步一步实现，当我们一点一滴付出努力的时候，更美好的明天也在一步一步向我们走来。

向前进，困难尽处是成功

不要把梦想推给明天

王亮是我的一个远房外甥。2002年，因为没考上高中，他从乡下来到城里学做厨师。

和所有的年轻人一样，王亮在休息时间也常去网吧里玩游戏。一次，他在一家网吧里上网，忽然网络出了故障，网吧里的人只能愣在电脑面前等着网管维修。但是足足过了半小时，网络还是没有修复。于是，有的退钱走人，不想走的则大发牢骚，老板安慰大家说："每家网吧都会出现这样的情况，这是行业通病，没办法的！"

说者无心，听者有意。王亮心想，既然每家网吧都会出现这样的问题，那如果有一家能专门针对网吧的电脑维修公司，不是有很大的市场？

从那一刻起，王亮对电脑的兴趣就从游戏转到了系统、程序上。他把半年里攒下的工资和借的一些钱，交到了一所计算机学校，开始学习网页设计、办公软件等电脑知识。后厨里的师兄弟们在背地里取笑他说："一个连高中都没有上过的农村孩子，还想从事什么电脑行业，简直是痴人说梦！"王亮的师父也不止一次地提醒他认真学烧菜才是应该做的事情，甚至还因为他的两头忙而狠狠地批评过王亮。但是这些都没有挡住王亮追求梦想的决心，他心里面总是想着那个空白的市场，想着有朝一日成立一家为网吧服务的

第四章 人生是场漫长旅途，要有目标，更要有行程攻略

电脑公司。

为了不让师父责备，他尽量做到不迟到、不早退，只在业余时间学习电脑。因为勤奋和努力，他的电脑水平一直在培训学校名列前茅。后来，一家企业到学校招聘，学校很自然地推荐了王亮。于是王亮辞掉了厨师的工作，去了那家企业上班。王亮边工作边总结，电脑技术变得更加熟练。但半年后的一天，因为在工作中有了大失误，王亮被公司辞退了，他一下子跌入了失业的深渊。

在自责和自省中，王亮在网吧里找到了一份工作，从事网吧的系统和服务器维护、安装游戏、网页设计等工作。一年多的时间里，王亮对网吧的流程、设备的维护、网络的管理等方面都了如指掌，于是决定辞职自己干。他打印了许多宣传单，给网吧做电影更新，给毕业生做视频简历。可是当时大家对这种简历的认可度不高，而且费用也不低，坚持了半年鲜有顾客，只能关门大吉。就这样，王亮第一次创业失败了。

这时，他那些做厨师的师兄弟们善意地对他说："算了，心不要太高，好好做厨师吧！那些事情不是你这样的人所能做的！"

王亮并没有因此而改变自己的梦想。他觉得电脑已经越来越普及，各地的网吧更是如雨后春笋般冒出，而缺少的正是他这类拥有专业技术的人。王亮再次打印了一些宣传单，发给一些网吧，又从朋友那里借来电脑、硬盘和其他一些专业工具，最后到旧货市场买了一张旧写字台，就成立了一家小型网络公司，并且采用了免费试用的方式来吸引客户。没多久，一家网吧老板试用了他的服务，一周后，老板决定用4000元一次性购买他的电脑网络系统维护产品。

得到这家网吧的认可，不仅使他做成了第一笔生意，更为他打造了一个业务示范模本。就这样，第二家、第三家生意接踵而来。

向前进，困难尽处是成功

差不多二十年过去了，当初的小厨师如今已经成为邯郸一家大型网络公司的老板，办公地点也从出租房搬到了写字楼，技术队伍更发展到了八十多人，能从事多项网络技术，每年的纯利润一百万元以上。目前，王亮又把客户范围延伸至企事业单位的电脑、网络维护、网络安全管理等方面。

人生在世，我们都是有梦想的。然而，面对生活，我们却习惯性地把梦想推给明天，推给无数个借口。于是，梦想就在这日复一日的借口、推脱中被我们磨平、消耗掉了，面对生活，面对曾经的那些梦想，只能徒留遗憾。

安妮是大学艺术团的歌剧演员。在一次校际演讲比赛中，她向人们展示了她最为璀璨的梦想：大学毕业后，先去欧洲旅游一年，然后要在纽约百老汇中成为一名优秀的主角演员。

当天下午，安妮的心理学老师找到她，尖锐地问了一句："你今天去百老汇跟毕业后去有什么差别？"安妮仔细一想："是呀，大学生活并不能帮我争取到去百老汇工作的机会。"于是，安妮决定一年以后就去百老汇闯荡。

这时，老师又冷不丁地问她："你现在去跟一年以后去有什么不同？"安妮苦思冥想了一会儿，对老师说，她决定下学期就出发。老师紧追不舍地问："你下学期去跟今天去，有什么不一样？"安妮有些晕眩了，想想那个金碧辉煌的舞台和那双在睡梦中的红舞鞋，她终于决定下个月就前往百老汇。

老师乘胜追击地问："一个月以后去跟今天去有什么不同？"安妮激动不已，她情不自禁地说："好，给我一个星期的时间准备一下，我就出发。"老师步步紧逼："所有的生活用品在百老汇都

第四章 人生是场漫长旅途，要有目标，更要有行程攻略

能买到，你一个星期以后去和今天去有什么差别？"

安妮双眼盈泪地说："好，我明天就去。"老师赞许地点点头，说："我已经帮你订好明天的机票了。"第二天，安妮就飞赴百老汇。当时，百老汇的制片人正在酝酿一部经典剧目，几百名各国艺术家前去应征主角。按当时的应聘步骤，是先挑出10个左右的候选人，然后，让他们每人按剧本的要求演绎一段主角的对白。这意味着要经过百里挑一的艰苦角逐才能胜出。

安妮到了纽约后，并没有急着去漂染头发、买漂亮衣服，而是费尽周折从一个化妆师手里要到了将排的剧本。这以后的两天中，安妮闭门苦读，悄悄演练。

正式面试那天，安妮是第48个出场的，当制片人要她说说自己的表演经历时，安妮说："我可以给您表演一段原来在学校排演的剧目吗？就一分钟。"制片人同意了，他不愿让这个热爱艺术的青年失望。而当制片人听到的声音，竟然是将要排演的剧目对白，而且面前的这个姑娘感情如此真挚，表演如此惟妙惟肖时，他惊呆了！他马上通知工作人员结束面试，主角非安妮莫属。就这样，安妮来到纽约的第一天就顺利地进入了百老汇，穿上了她人生中的第一双红舞鞋。

有了梦想就要及时行动，一味拖延只会让机会从手中白白溜走。

有梦的人生是绚烂的，梦想给人前进的动力。然而，光有梦想的人生却是虚无的，只有梦想，却无行动来支撑的梦想无疑是纸上谈兵。

古希腊哲学家德谟克利特说过："仅靠一张嘴来谈理想而丝毫不实干的人，是虚伪和假仁假义的。"唯有做到理想与行动二者合

向前进，困难尽处是成功

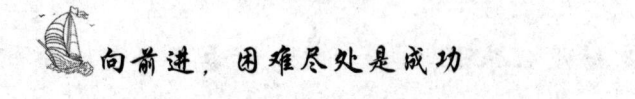

一，才有可能让梦想变为现实。

所以，有梦的人生是好的，但要记得及时行动，不要把梦想推给明天。只有马上行动，才能让梦想尽快成为现实。只有马上行动，才能避免在日复一日的拖沓中让激情消耗殆尽。不要把梦想推给明天，而要将行动落实到今天。勇敢地迈出第一步，坚定地走出第二步、第三步……总有一天能够抵达梦想的终点！

05

第五章　所谓前途，在目所不及的远方

不求近功，不安小就。

——恽代英《致子强弟书》

第五章 所谓前途，在目所不及的远方

眼界有多大，成就就有多大

认识王书梅已经有五年了，那时我刚搬到现在居住的小区，而她是楼下饭店的服务员。

我那时一个人生活，不爱做饭，就经常去那家饭店用餐，一来二去，跟饭店的老板和服务员都熟悉起来。

饭店老板的母亲陈奶奶六十多岁，喜欢跳广场舞，但总是跟不上节奏，只能在队伍后面打打酱油。跳广场舞只是大家的休闲娱乐活动，并没有教练认真教，学好学坏都只能靠自己。由于舞跳得不好，街道组织的广场舞比赛，领队从来不让她参加。陈奶奶为此非常郁闷。

王书梅会看眼色，头脑也活泛，看见陈奶奶因为跳不好舞郁郁寡欢，于是就在没客人的时候，从网上的广场舞教学视频中学了几段，有空就指导陈奶奶一下。经过王书梅的耐心指导，陈奶奶的舞技突飞猛进，短短两个月就成了舞蹈队的主力。

原本王书梅只是想讨好一下老板的母亲，但是听陈奶奶说，舞蹈队还有不少老年人，都因为年纪大了，反应慢，跟不上节奏。这让王书梅看到了商机。

一个月后，她辞掉了饭店的工作，报名参加了舞蹈速成班，初步学习了现代舞和民族舞。半年以后，她在小区附近的市民广场上支起了一个牌子，上面写着"广场舞培训"五个大字。来找她学广场舞的大爷大妈络绎不绝。

很快，有了一定积蓄的王书梅就开始租用场地进行广场舞培训。她不单自己教广场舞，还聘请了几个在广场舞方面很专业的老乡，把自己的广场舞培训班做得红红火火。

如今，王书梅已经实现小康，不仅有房有车，还将业务扩展到儿童舞蹈和成人舞蹈的教学方面。而她自己也早已不再担任舞蹈老师，而是聘请了舞蹈学院毕业的专业老师。

对于她来说，现状与未来，都是如此的美好。

广场上的大爷大妈跳舞跟不上节奏，很多人都看见了，但王书梅的眼光却与众不同，她不仅看见了事件本身，还看见了这件事中的机会。她不仅仅看到了机会，还想到应该如何去抓住机会。她之所以有今天的成就，就是因为她的眼界比别人更宽广。

看到才能想到，想到才能做到。一个人要想将事业做大、做好、做精，首先要看他的眼界有多宽、多远、多深。一个人的眼界，决定了他的成就，目之所及的地方，也是他成就的极限。

另外，还要看方法是否正确。在现代社会里，每个人都在想尽一切办法解决生活中的问题，而最终的成功只属于方法最得当的那些人。

在宋国，曾经有一家人以漂布为生。漂布人将布匹放在染料中染色，再在冷水中漂洗。这样的工作单调乏味并且辛苦。特别是冬天，冰冷的水总是将漂布人的手弄得皲裂，疼痛难忍。但这家人的祖上在长期的工作实践中，发明出了一种油膏，冬天涂在手上能够令人的手不易生冻疮，皮肤也不会皲裂。正是这个家传秘方，使这

第五章　所谓前途，在目所不及的远方

家人世世代代平安地经营着漂布生意。

有路人听说这家人有此秘方，提出用100两金子来买他们的秘方。100两金子是一笔巨款，漂布人家非常高兴地答应了。

路人买到了秘方后，拿着秘方去南方求见吴王。吴越地处海疆，守卫国土，主要靠水兵。而水兵因为长期与水打交道，在冬天也容易因生冻疮而影响战斗力。吴王听说来者有此秘方，大喜，让其做了吴国的水兵统帅，替吴国练兵。到了冬天，吴越两国发生了水战，吴国的水兵涂了不皲之药，不怕冷，不生冻疮，结果打败了越国。此人因此立了大功，裂土封侯。

同样一个不生冻疮、避免手皲裂的药方，有人用100两金子买来后成就了封侯拜将的目标，而发明这个药方的那家人却还是世世代代给人家漂布。由此看来，同样一件东西，人的眼界不同会导致运用方法不同，运用方法不同又导致成就的高低。

"做大生意人的眼光，一定要看大局。你的眼光看得到一省，就能做一省的生意；看得到天下，就能做天下的生意；看得到国外，就能做全世界的生意。"这是大商人胡雪岩曾经说的话。其实何止是做生意，做什么事情都要求视野开阔。

现实告诉我们，一个人的眼界有多大，成就就会有多大。

向前进,困难尽处是成功

宜未雨而绸缪,毋临渴而掘井

有这样一个心理学实验:

实验者给一群4岁的小孩每人一颗糖,并告诉这些孩子,如果能够忍住20分钟不把这颗糖吃掉,就会得到两颗糖。

一部分孩子按捺不住对糖的渴望,马上就把糖吃了;另一些孩子则通过自言自语或者唱歌来转移自己的注意力,最终在20分钟之后成功地收获了两颗糖。

实验人员对接受实验的孩子进行了数十年的跟踪采访,发现那些忍住20分钟没吃糖的孩子,在未来的人生中目标更加明确,更能抵得住诱惑,在事业上也更容易取得成功。因为这些孩子具有长远眼光,所以能够拒绝眼前微小利益的诱惑,去争取未来更大的利益。

在《奇葩说》上,李诞曾经说过这样一段话:"我们人类的发展史,就是一段压抑欲望的历史。在以前,世界上有两种人。其中一种奉行着采集文明,想吃果子了马上就摘下来吃。他们很容易就获得了快乐,但这种人最终被淘汰了,活下来的是另一种不快乐的种地的人。"

可以说,那些种地的人,就是最早拥有长远眼光的人类。因为

第五章　所谓前途，在目所不及的远方

他们能够预见到未来的风险，如果仅靠摘野果为生，总有一天野果会被摘完，那时就要饿肚子。所以他们选择了种地，学会了储存粮食过冬。

《朱子家训》里有这么一句话："宜未雨而绸缪，毋临渴而掘井。"说的也是要有长远眼光，要有预见性和前瞻性，凡事提前想到，提前做好准备，而不要等到坏事情发生了才手忙脚乱、不知所措。

建宁王李倓是唐肃宗的儿子。此人文武双全，深得肃宗的喜欢和军中将士的爱戴。有一回唐军东征，肃宗觉得李倓是兵马大元帅的理想人选，有意让李倓来担任兵马大元帅。

丞相李泌知道后，对肃宗说："建宁王确实很有才能，无论从文从武上说，这次东征的元帅应当非他莫属，但是有件事您不要忘了，他还有一个哥哥广平王呢。您把全国的主要兵力都让建宁王带走，他又有很高的名望，那广平王会很不舒服的。如果此次东征失利，那也罢了，如果大获全胜，建宁王和广平王谁轻谁重，天下人都会了然于胸了。"

肃宗摆手道："先生大可不必为此担心，广平王乃是我的第一皇子，将来立为太子继承帝位是一定的，他不会将一个元帅的位置看得很重的。"

李泌回答："皇上所言极是，可目前广平王尚未被立为太子，外人也都不知道您的想法。再说，难道只有长子才能立为太子吗？在太子未立之时，元帅之位就为万人所瞩目。在世人眼中，也就是谁当了元帅，谁就最有可能成为太子。假如建宁王当了元帅并在东征中立大功，到了那时，陛下您即使不想让他当太子，建宁王自己也不想当太子，可是，那些随他建功立业的将士们难免会蛊惑他登

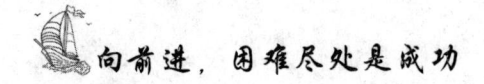

位。特别是您的封赏若稍有差池,他们更有可能借机实行兵变,拥立建宁王为太子,到时形势所逼,建宁王怎能推却?我朝初年的太宗皇帝和太上皇帝玄宗的例子,不就是前车之鉴吗?"

李泌的一席话,使肃宗恍然大悟,于是下令任广平王为天下兵马大元帅,挂印东征。

身为丞相的李泌,通过唐初的玄武门事件,很快洞悉到如果任命建宁王为兵马大元帅,将来极可能会引起宫廷政变。他超强的洞察力使得一场潜在的纷争化为无形。

高明的棋手,能以长远的目光来纵观全局棋势,能看出后面许多步棋的走法。当然,棋艺的高明不是天生的,而是靠后天辛勤的练习、观察和思考培养出来的。那些走一步算一步、只看眼前利益的人,若不懂得拓宽与拓深自己的视野,就很难获得机会。

第五章 所谓前途，在目所不及的远方

永远不要忘记诗和远方

有一个喜欢拉琴的年轻人，他刚到美国时，到街头拉小提琴卖艺来赚钱。很幸运，他和一位黑人琴手一起争到一个最能赚钱的好地盘——在一家银行的门口，那里人很多。

过了一段时日，他靠卖艺赚到不少钱之后，就和黑人琴手道别，因为他想进入学校进修。十年后，他有一次路过那家银行，发现昔日的老友——黑人琴手仍在那"最赚钱的地盘"拉琴，脸上洋溢着得意、满足与陶醉——一如往昔。

当黑人琴手看见曾经的伙伴突然出现时，很高兴地停下拉琴的手，热情地说道："兄弟啊，好久没见啦，你现在在哪里拉琴啊？"他回答了一个很有名的音乐厅名字。但黑人琴手反问道："那家音乐厅的门口也很好赚钱吗？""还好啦，生意还不错！"他微笑着说。

其实，那位黑人琴手哪里知道，十年前的旧伙伴，现在已经是一位知名的音乐家，他经常在著名的音乐厅中演奏，一场演出的出场费，比黑人琴手几年的收入还要多。

十年中，那位黑人琴手和这个青年人一样努力，只是黑人琴手是努力地拉琴，努力地保卫自己那块赚钱的地盘；而这个青年选择了进一步深造，提升自己的艺术修养和演奏水平，去赚更高昂的演

向前进，困难尽处是成功

奏费。

正是认知的不同，导致了他们拥有迥异的人生。黑人琴手的认知仅限于在街头拉琴赚钱，而青年音乐家的认知在于提升自我，去往更高级的音乐殿堂。

正如那句广为流传的话：人无法赚到自己认知范围以外的钱。其实这句话还有下半句，那就是"靠运气赚到的钱，最后还会靠实力亏掉"。

前几天的饭局上，朋友讲了这样一件事情：

一位家住郊区的大哥，原本祖上三代都穷得叮当响，靠领低保过日子。但是去年由于城市扩建新区，他家的房子和地都被征占，补偿款给了四百多万元。

这四百多万元对于他家来讲简直是天文数字，如果继续像以前一样安分守己地过日子，起码可以做到衣食无忧。但是一夜暴富的喜悦显然将大哥冲昏了头。他觉得自己已经是有钱人了，他想开公司，做老板。

他以前是装修工人，就是在建材市场的路边举着写有"刮大白"字样的牌子等生意的那种。现在有钱了，他不想像以前一样在街边风吹日晒地等生意了，他想开一家装修公司。

在几个朋友的协助下，从公司选址、注册，到办公室装修布置、办公家具和办公设备采购，再到员工招聘，忙了大半年，投进去一百多万元，还没做成一单生意。

他听人说，做生意头两年一般都不赚钱，先把公司稳住就可以，于是也不急着拉客户、找生意——当然，他也根本不知道该怎

第五章　所谓前途，在目所不及的远方

么出去找生意，只知道在办公室待着等生意上门。

一年下来，只有朋友介绍了几单生意给他，却不赚反亏——因为他不懂整个装修工程的成本核算，不懂各种装修材料和人工的价格，有时是因为报价太低，亏了钱；有时是因为请的工人不是熟练工，技术水平差，导致返工，既耽误工时，又浪费材料，即便这样还要给工人开工资，而且延误合同工期还要赔钱给客户……就这样，一年之内，他就赔了三百多万元进去。其余的钱，也被他的妻子买包、买衣服、买首饰、做美容给花掉了。他们的女儿——原本朴素好学的小姑娘，也因为这一年的"富养"，滋生了奢侈浪费、好逸恶劳的坏习惯。

而此时，四百多万元征地补偿款已经花完，他们一家又回到过去的状态。

听朋友讲完，在座的每一个人都不胜唏嘘。其中很多人都是做生意的，大家都太知道认知的重要性了。赚钱的关键就在于深耕自己的细分领域，而不是盲目开展自己并不熟悉的业务。就像前几年猪肉价格暴涨，有一些人转行去开养猪场，最后由于不懂动物养殖技术，导致猪仔染病致死，亏得血本无归。

所以说，一要认知世界，眼界打开了，看到的世界更广阔，思维也才能更开阔，而不局限于自己身边的一亩三分地；二要认知自己，知道自己能做什么，不能做什么，找到适合自己的专业领域，不盲目跟风。靠认知世界去赚钱，靠认知自己来守财。只有这样，日子才会越过越好。

向前进，困难尽处是成功

莫太在意眼前得失

一棵苹果树终于开花结果了，它非常兴奋。

第一年，它结了10个苹果，9个被动物摘走，自己得到1个。对此，苹果树愤愤不平，于是自断经脉，拒绝成长。

第二年，它结了5个苹果，4个被动物摘走，自己得到1个。"哈哈，去年我得到了10%，今年得到20%！翻了一番。"这棵苹果树心理平衡了。

而它旁边的梨子树，第一年也结了10个果子，9个被摘走，自己得到1个。它继续成长，第二年结了100个果子。因为长高大了一些，所以动物们没那么好采摘了，被摘走80个果子，自己得到20个。与苹果树同样从10%到20%，但果子的数目相差20倍。

第三年，梨子树很可能结1000个果子……

看不出来吗？在成长过程中得到多少果子不是最重要的，最重要的是树在成长！等果树长成参天大树的时候，自然就会得到更多。

其实，人也如同一株成长中的果树。刚开始参加工作的时候，我们才华横溢，意气风发，相信"天生我材必有用"。但现实很快敲了我们几个闷棍，或许，我们为单位做了大贡献没人重视；或许，只得到口头表扬但却得不到实惠；或许……总之，我们觉得自

第五章　所谓前途，在目所不及的远方

己就像那棵苹果树，结出的果子自己只享受到了很小一部分，看起来很不公平。

我们愤怒，懊恼，牢骚满腹……最终，我们决定不再那么努力，让自己的所付出的对应自己所得到的。

不久之后，我们发现自己这样做真的很聪明。自己安逸了很多，得到的并不比以前少。我们不再愤愤不平了，与此同时，曾经的激情和才华也在慢慢消退。我们已经停止成长了。而停止成长的人，还有什么前途呢？

这样令人惋惜的故事，在我们身边比比皆是。之所以演变成这样，是因为忘记生命是一个历程，是一个整体。总觉得自己已经成长过了，现在到了该收获果实的时候。最终因太在意眼前的结果，而忘记了成长才是最重要的。

有一个年轻人在一家外贸公司工作了一年，苦活累活都是他干，可工资却最低。他曾试探性地与老板谈了待遇问题，但老板没有任何给他涨工资的迹象。

这个年轻人本来想混日子算了，同时骑驴找马另寻他路。当年轻人把自己的想法告诉了一个年长的朋友时，他的朋友建议他："出去试试也不错，不过，你最好利用现在这个公司作为锻炼自己的平台，从现在开始努力工作与学习，把有关外贸的大小事务尽快熟悉与掌握。等你成为一个多面手与能人之后，跳槽时不就有了和新公司讨价还价的本钱吗？"

年轻人想想朋友的建议也有道理，利用这样一个有工资的学习机会，也是不错的。

又是一年后，朋友再次见到了这位昔日不得志的年轻人。一阵

向前进，困难尽处是成功

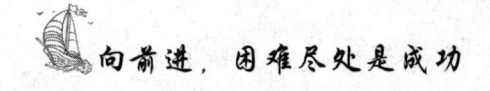

寒暄过后，问年轻人："现在学得怎么样？可以跳槽了吧？"年轻人兴奋中夹杂着一丝不好意思，回答道："自从听了你的建议后，我一直在努力地学习和工作，只是现在我不想离开公司了。因为最近半年来，老板给我又是升职，又是加薪，还经常表扬我。"

看看，这就是一个"成长"的人的收获。我们长得越壮越大，别人就越不敢怠慢我们。退一步说，即使被怠慢了，我们一身好本领，何愁没前途？

所以说，年轻人不要太在意眼前的得失，有所收获，有所成长，才是最重要的。

06
第六章　做人当有大格局

海纳百川，有容乃大。

——林则徐

第六章 做人当有大格局

格局就是一个人的眼界和心胸

何谓格局？格局就是指一个人的眼界和心胸。只会盯着树皮里的虫子不放的鸟儿是不可能飞到白云之上的，只有眼里和心中装满了山河天地的雄鹰才能自由自在地在天地之间翱翔！金钱、物质固然重要，可是一个心中只装得下饭碗的人也不会有太大的成就。处世的格局决定了人生结局，要想有所成就，人生就要有大的格局。

在一个夏日炎炎的午后，一位想投稿的年轻人胆怯地站在某主编办公室的门口，几次想推门进去，又不敢敲门。主编发现后，热情地将他迎进办公室。

主编在看到投稿人画作的一刹那，眼睛亮了一下——这个年轻人的才华和想象力之高已超过了主编的预想。很快，主编非常客气地和年轻人就合作的事情达成了共识。

在主编的大力支持下，年轻人的作品很快就在漫画杂志上顺利发表了，他的画风被认可。一系列画作发表之后，他在漫画领域逐渐崭露头角。

他本来以为这样一直努力下去就会获得成功，可是日本漫画界竞争的激烈程度远远超出了他的想象。在这个人才辈出的领域里，像他一样有才气肯努力的作者有很多，在这么残酷的竞争环境里，

向前进，困难尽处是成功

能靠画漫画养活自己就算不错了。

和梦想比起来，吃饭是一件很现实的事情，为了让自己不至于饿肚子，他不停地改变着自己的风格。什么风格的作品流行，什么作品容易赚钱，他就画什么。这样一来，他的温饱倒是解决了，可是在漫画界奋斗了很久之后，他离成功似乎还是那么遥远。而且，跟随流行画风进行创作的人有很多，他随时都可能被别人替代。所以，要想不饿肚子，他就要像机器一样忙个不停，一刻也不敢懈怠。这样的日子一长，他的身心感到了前所未有的疲惫。

这一天，知道他情况不太好的主编特意打来了电话，安慰了他半天后，主编忽然说道："你以前的作品充满了侠骨柔情，但现在我从你的漫画里已经看不到当年的你了。我知道现实生活很残酷，但希望你别丢失了自己。"和主编通完电话后，他忽然发现真正的自己已经丢了，现在的自己只是一个疲于奔命，挣扎在温饱线上的可怜人。这几年，他的目光仅仅局限在如何多赚钱以保证自己的稳定生活上。为了这个目的，他患得患失，经常忧虑，钱不仅没赚多少，内心早已经被折磨得千疮百孔了。

这个故事可以给我们的借鉴是，当一个人的视野和心胸都局限在一个小小的领域里的时候，很难想象他能做出什么辉煌的事业。人生想有大成就，就必须有大格局。

后来，这个年轻人改变了自己思维，再接到新的漫画工作时，他考虑的不仅仅是如何迎合潮流了，而是考虑如何将漫画画得有灵魂、有内涵、有思想，并且精彩绝伦。他的视野和心胸里承载的再也不仅仅是金钱和虚名了，而是装载了更多对梦想的追逐和

第六章　做人当有大格局

对漫画的热爱。以前的他为了能多赚钱，连自己平时的阅读兴趣都放弃了，仅仅关注那些对赚钱有实际利益的资讯，阅读范围变得狭窄了；而现在的他，学习的领域越来越宽，他的品位和内涵逐步提升，人也变得更加稳重大气。

作品往往就是作者的缩影，现在他的作品恢宏大气，让人产生无限的遐想。他知道，这样一来就在很大程度上不能迎合当前的市场了，自己的收入也会大大下降。可是他更认识到，只有画出独特的风格，他才能在竞争激烈的漫画界胜出，前途比金钱更加重要。

就这样，他的坚持取得了巨大的效果，他在自己最擅长的忍者系列漫画里越来越有名气，后来更是凭借着《火影忍者》迅速走红，成为亚洲顶级的漫画家之一。

他就是《火影忍者》系列漫画的作者岸本齐史，一位缔造了传奇的人，他的奋斗经历为很多年轻人提供了宝贵的借鉴。可以这样说，他的成功在很大程度上，是从他的人生有了一个大的格局开始的。

所谓大格局，就是让自己去拥有开放的心胸，去容纳远大的理想，去设立长远的目标，以发展的、战略的、全局的眼光看待问题。格局于人的重要性如战斗前的排兵布阵，如大厦起建前的结构蓝图，如棋盘对弈前的布局造势，是否极尽壮观、雄浑，就看你的格局是否足够开放博大，有无"天作棋盘星作子"的豪壮气魄，有无"风物长宜放眼量"的远见卓识，有无"龙蛇为存而蛰伏"的人生智慧，有无"任凭风吹浪打，胜似闲庭信步"的宠辱不惊，有无"却被傍观冷笑微"后的淡定自若。

对一个人来说，格局有多大，成就就有多大。人生是短暂的，事业的成功与价值的创造，往往取决于对目标的设定、对烦琐世事

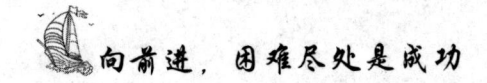

的自我解脱和超越。所以，生命中我们想要卓越，想要改变目前平凡的人生，想要获得成功和幸福，想要过得快乐和充实，就要整合当前做人的格局。因为有什么样的格局，人生就有什么样的结局！所以说，人生要有大格局。

第六章　做人当有大格局

有大格局才有大事业

如果你没有见过高山，就不知道此地是平原；如果你没有见过大海，就不知道此地是小溪；如果你没见过伟人的人物，就不知道自己有多渺小……

这是一位著名主持人在节目中说的一句话，且不论他这句话道理是否深刻，但我们必须承认：每个人都有属于自己的格局，或大或小的空间是由自己定义的。格局里反映的就是你对人生的看法与定义。思想指导行为，行为反映价值，价值形成格局，这是物与物之间的对比。

这个格局，指的就是人生格局。所谓人生格局，就是人生的空间。每个人都有自己的人生空间，但有大有小，空间大的人相对于空间小的人活得会更滋润，得到的会更多。

我们一定要突破自己的人生格局，格局太小的话就要放大。一定要觉得自己也是个很棒的人，设定更大的人生目标。心有多大，能力就有多大。

为什么大格局很重要呢？

在日常生活中，经常会说到"局限"这个词，那什么是局限呢？格局太小，就会为其所限。因为格局太小，你才跳不出去。局限局限，局小则限，局大则避限。只有一个人的人生格局足够大，

向前进，困难尽处是成功

追求足够高远，才能从心理上摆脱俗世的羁绊，才能在视角上摆脱狭隘，掌握全局，才能真正做到无争而争，从而有所大成就。

古代梁国有一位君王，很想把国家治理好，做一个有作为的皇帝，于是他每日勤于政事，事无巨细，事必躬亲。比如，他制定了严格的法律，规定哪些事情可以做，哪些不可以做，甚至对人们在大路上走路的姿势都做了严格规定。

虽然他非常认真负责地管理国家，然而效果并不尽如人意，老百姓怨声载道，社会秩序混乱不堪。梁王非常苦恼，却又无计可施。他听说杨朱满腹经纶，就向杨朱请教。

杨朱对梁王说："你看见过放羊的情景吗？有一群羊，如果让一个小孩拿着鞭子守护着，要羊向东，羊群就向东；要羊向西，羊群就向西。可是，假如让尧帝来把每只羊都牵上，还让舜帝拿着长长的鞭子跟在后面，羊反而就不好放了。而且我还听说过这么一句话：能吞下大船的鱼不在支流中浮游，鸿鹄只在高空中飞，不会落在低矮的屋檐上。这是什么原因呢？因为它们有大格局。今天君王你身居高位，想成就大业，可是事无巨细，什么小事都管，这样怎么能把国家治理好呢？"

梁王听了幡然醒悟。

作为君王，应该有大格局，治理国家应该从大处着手，如果事无巨细，都要亲自处理，往往不会取得好的效果。一个拥有大格局的人，做任何事都要从大处着眼。

人生的格局有多大，人生的天空就有多精彩。格局太小就要学会善于突破局限。许许多多因格局太小的人，最终一事无成，甚至

第六章　做人当有大格局

走向失败。这个格局，无关财富、不论年龄，只看你的视野、你的心量、你的思想。大格局的人，拥有一种境界，能够以坚韧的毅力冲破看似难以逾越的险阻；拥有一种高度，身在最高层而不畏浮云遮望眼；拥有一种韧劲，咬定青山不放松，坚持到底。

人生大格局不是天生的，要学会放开，学会突破。一个人要怎样突破自己的格局？我认为，要抓住下面最重要的三点：

一是要以长远、发展、战略的眼光来看问题；

二是要以帮助、合作、奉献的态度来交朋友；

三是要有大局为重、不计小利的胸怀来做事。

广义上讲，人生大格局就是磊落坦荡、无私无畏和志存高远的品格；就是不为一时之利争高下，不为眼前小事论短长的气量；就是宠辱不惊，笑看庭前花开花落的风度；就是不管风吹浪打胜似闲庭信步的豪迈。

所以说，突破人生的格局很重要，它指的是要扩大自己内心的格局，去构思更大、更美的蓝图。格局有多大，事业就会有多大！

向前进，困难尽处是成功

一个人的格局，藏在他的胸襟里

我家附近的农贸市场里，有两个并排的水果摊。其中一个摊主是位40多岁的大哥，另一个摊主是位同样40多岁的大姐。

所谓同行是冤家，每次我去买水果，大哥这边刚报出"葡萄5元一斤"，大姐那边一定要喊一句"新鲜甜葡萄4块9一斤"。价钱不多不少，刚好便宜一角钱。很多原本准备在大哥摊位买水果的大爷大妈，就这样被喊到了旁边大姐的摊位。好在两家卖的水果并不完全一样，有时大哥这里卖的荔枝、莲雾，大姐那里没有；有时大姐那里卖的榴莲、百香果，大哥这里没有。所以，大哥虽然被抢了很多生意，但收入也还过得去。

有一次我去买水果，看到大哥的摊位前挤了好几位顾客在挑选水果，而大姐的摊位上蒙着苫布——显然今天没开张。

我不着急，就等买水果的人都走光了，才上前问大哥："有山竹吗？给我称2斤。"大哥先笑了笑说："不好意思啊，今天没进山竹。"随即像是忽然想起什么，说，"您稍等下，我看看，应该还有。"说着，走到旁边大姐的摊位上，掀开苫布，果然看见一筐山竹。

见我一脸疑惑，大哥解释说："她家今天可能有事，人没来。昨天我见她卖山竹来着，想着应该没卖光。我知道价格，我给你称

第六章 做人当有大格局

好,你微信扫码付款给她就可以。"说着,指了指大姐摊位上挂着的收款二维码。

我更加疑惑了:"她平时抢了你那么多生意,你还帮她卖货?"

大哥憨厚地笑笑说:"她也挺不容易的,两个孩子在上学,老公瘫痪在床,全家都靠她一个人挣钱养活。我一个大男人,让着她点也没啥。"

我心里觉得大哥人真好,以后该多照顾他的生意。几天后,我又去买水果,特意走到大哥的摊位前,让我意外的是,这次隔壁的大姐竟然没有抢生意。我大概也能猜到,经过上次代卖水果的事情,大姐可能有所反思。

后来我再去那个农贸市场,发现两个水果摊位上,有时大姐不在,大哥就帮着她卖货;有时大哥不在,大姐也会帮着他卖货。两家的水果价格基本都一样,顾客想买谁家的,就买谁家的,再没听到过大姐抢生意的吆喝声。

我想,所谓胸襟宽广,就是能够理解别人的不容易,能够包容别人,不计较小得失吧。而有大格局的人,也必然是一个胸襟宽广的人。

这让我想到了战国时期的冯谖。

战国时,齐国的孟尝君是一个以养士出名的相国。由于他待士十分诚恳,感动了一个叫冯谖的落魄人,此人为报答孟尝君的礼遇而投到他的门下为他效力。

一次,孟尝君叫人到其封地薛邑讨债,问谁肯去。冯谖自告奋勇,说自己愿去,但不知将催讨回来的钱买什么东西。孟尝君说:"就买点我们家没有的东西吧。"

向前进，困难尽处是成功

冯谖领命而去，到了薛邑后，他见到老百姓的生活十分穷困，大家听说孟尝君的使者来了，均有怨言。于是，他召集薛邑居民，对大家说："孟尝君知道大家生活困难，这次特意派我来告诉大家，以前的欠债一笔勾销，利息也不用偿还了。孟尝君叫我把债券也带来了，今天当着大家的面，我把它烧毁，从今以后再不催还。"说着，冯谖果真点起一把火，把债券都烧了。薛邑的百姓没料到孟尝君如此仁义，人人感激涕零。

冯谖回来后，孟尝君问他买了何物，冯谖如实回答，孟尝君大为不悦。冯谖对他说："你不是叫我买家中没有的东西吗？我已经给你买回来了。这就是'义'。焚券市义，这对您收归民心是大有好处的啊！"

数年后，孟尝君被人谮谗，齐相不保，只好回到自己的封地薛邑。薛邑的百姓听说恩公孟尝君回来了，倾城而出，夹道欢迎。孟尝君感动不已，终于体会到了冯谖"市义"的苦心。

有大格局的人，必然有宽广的胸襟，有容人之量，不会计较眼前得失。

在开往费城的火车上，一个妇人中途上了车，走进一节车厢，坐在了座位上。这时候，走过来一位略显肥胖的男子，坐在她对面的座位上，点了一根香烟。她禁不住咳了几声，身子也挪来挪去。

可是，那个男子丝毫没有注意到她的暗示。妇人终于忍不住开口说道："你多半是外国人吧？大概不知道这趟车有一节吸烟车厢，这里是不让抽烟的。"

那个男子一声不吭地掐灭了香烟，扔出了窗外。

第六章　做人当有大格局

过了一会儿，列车员过来对妇人说，这里是格兰特将军的私人车厢，请她离开。她听了大吃一惊，站起身就往门口走。她看着将军一动不动的身影，心里有些慌张和害怕。而整个过程中，将军仍像刚才一样表现出了他的宽容大度，没有给她任何难堪，甚至没有取笑嘲弄她的神情。

将军在妇人面前表现出了自己的涵养，他并没有因为自己的地位高贵而轻视她；相反地，还顾及了妇人的尊严，让妇人备受感动。

对于一个有志于事业成功的人，不计较是一门人生必修课。胸襟博大、心宽志广，就会上下和睦，左右逢源，以充沛的精力投入工作之中，使自己的事业大有成就。

一个人若没有容人的肚量就不会有任何的成就。一个宽宏大量的人最容易与别人融洽相处，同时也最容易获得朋友。法国文学大师雨果曾说过这样的一句话："世界上最宽阔的是海洋，比海洋宽阔的是天空，比天空更宽阔的是人的胸怀。"

人要成大事，就一定要有开阔的胸怀，只有养成了坦然面对、包容一些人和事的习惯，才能够取得事业上的成功。

宽容是一门交际的艺术。它润滑了彼此的关系，消除了彼此的隔阂，扫清了彼此的顾忌，增进了彼此的了解。宽容他人，给予他人尊重和信任，同时也是赐予自己幸福和快乐；宽容他人，给予他人微笑和友善，你的心灵会很踏实和轻松。也只有怀有一颗宽容的心的人，才会看到生活中更美好、更真诚的一面。

向前进，困难尽处是成功

站在万人中央，成为别人的光

前几天，我的一位朋友发了一条打卡"网红学校"的朋友圈，就是张桂梅校长任教的丽江华坪女子高级中学。看照片时我以为她去丽江旅游，但看了文案才知道，原来她前去应聘华坪女高教师。

她说，她本就出身贫寒，靠着学校资助、国家的贫困生补贴，以及助学贷款才一路读到硕士毕业。工作几年，经济条件逐渐改善，她希望以自己的微薄之力帮助更多渴望求学的孩子。尤其了解到张桂梅校长的事迹，更觉感动。正巧2021年华坪女高招聘教师，而且与她专业对口，所以她义无反顾地辞掉了在大城市的薪资待遇都很好的高中教师工作，前往华坪女高。她说："在大城市，优秀的教师非常多，不缺我这一个；而这个小县城里的女孩子，她们更需要我。"

我们在语文课上都学过"穷则独善其身，达则兼济天下"，而我们的社会需要的也正是这样能够"兼济天下"的人。

北大中文系钱理群教授说过这样的一段话："我们的一些大学，包括北京大学，正在培养一些'精致的利己主义者'，他们高智商、世俗、老道，善于表演，懂得配合，更善于利用体制达到自己的目的。这种人一旦掌握权力，比一般的贪官污吏危害更大。"

正是这些精致的利己主义者，反衬出那些"感动中国"的人物

第六章 做人当有大格局

是多么伟大,从资助了183名贫困儿童的丛飞,到靠蹬三轮车捐助学校35万元的白芳礼老人,到用一生时间帮助山村贫困女孩改变命运的张桂梅校长,再到把毕生精力都献给水稻事业的袁隆平院士,是他们在为这个社会、这个国家贡献着自己的光和热,让许许多多的人走出困厄。

孟子说:"仁者爱人。"仁爱是儒家思想的主要内容。仁爱也是和谐社会的重要思想基础。仁爱讲究奉献,不求索取;仁爱提倡扶危济困,尊老爱幼。仁爱作为一种做人的美德,成为古今中外各界人士所崇尚的行为。

清代著名的晋商乔致庸之所以能成为一个成功的商人,一个重要原因就是他有一颗仁爱之心。

乔致庸以天下之利为利,开票号实现汇通天下的目标,不是为了自己发大财,而是为了方便天下商人。在乔家门前,常年拴着三头牛,谁家要用,只需招呼一声,便可牵去用一天;每年春节前夕,乔家大门打开,乔致庸会拉出一辆板车,满载米、面、肉,谁家想要,只要站在门口招招手,便可随意取去。大灾之年,他开粥棚救济十万灾民,家人与灾民同锅喝粥,为了支撑粥棚几乎倾家荡产。

乔致庸就是凭着一颗仁爱之心,凝聚了一大批铁杆伙计,他虽然多次历经灾难,几乎家破人亡,但这些伙计却全力以赴、鼎力相救,一次次使他转危为安、化险为夷,没有伙计在危难时刻离他而去。这全是仁爱之心使然。

我们普通人没有这样的财力支撑,但就像我那位朋友一样,能够为国家和社会做自己力所能及的贡献。

正所谓"聚是一团火,散是满天星",只要站在人群中央,就要成为别人的光,无论是点点萤火,还是皓月之辉,都是光明的所在。

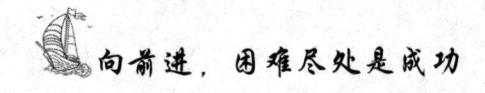

而谁又能说，星星之火不能燃起燎原之势呢？

战争年代，正是井冈山上的星星之火烧遍了中华大地，让中华民族从此走上复兴之路。

和平年代，也有一批又一批舍己为人、舍小家为大家的人物感动着中国，也温暖着千千万万同胞的心。

只要人人都献出一点爱，世界终将迎来更美好的明天。

只要人人都努力地发光发热，何愁祖国不富强，人民不安康？

07

第七章　日积跬步，方至千里

男儿志兮天下事，但有进兮不有止，言志已酬便无志。

——梁启超

第七章 日积跬步，方至千里

当你待在原地时，其实你在倒退

最近几年来，我们经常听到一个词，叫作"35岁危机"。意思是说，很多企业裁员或者招聘，都是以35岁为界限。

很多人认为这是职场年龄歧视。但是我们仔细想想"35岁危机"产生的根源，就会发现，很多人从大学毕业以后，就没再看过一本书；工作几年之后，就不再学习任何新的技能。随着年龄越来越大，知识储备没有得到更新，渐渐跟不上社会发展的步伐，不再适应企业的发展需要，所以才会出现所谓的职场"35岁危机"。

那么，是不是35岁以上的人都从职场消失了呢？当然不是的。为什么他们不会被淘汰？就是因为他们一直没有停下前进的脚步，在不断提升自己，不断向上走。

我们已经进入了一个终身学习的时代，学校、家庭、企业、社会教育日渐融合，整个社会成为一所大学校，只要我们愿意，随时随地都有学习机会。

在知识经济大潮不断袭来的今天，学习已是组织或个人生存和发展的根本。在某种意义上，学习已成为现代人的第一需要。我们必须抱定这样的信念：活到老，学到老。

汽车大王亨利·福特曾说过："人若停止学习便会老化，不管是两岁还是八十岁；不断学习令人保持年轻，人生中最重要的事情就是让头脑经常保持年轻。""学如逆水行舟,不进则退",我们身处的社会,每天都有新发明,资讯科技日新月异,我不禁要问:我们的知识储备足够吗?

我们今天所学的知识,明天也许可以应用50%,后天也许只能用到20%,如果不及时补充知识能量,大后天我们的知识存量就将消耗殆尽。在人才市场上时刻有千万大军"埋伏"在一边,一旦我们丧失了竞争优势,他们将随时准备替补。

太多的人感叹世事多变,太多的人抱怨时代的变迁如此之快,但很少人认识到:人们只是跟在时代后面追赶,而没有尽量主动地去引领时代;或者说得更为实在一些,就是没有主动学习,提升自己。

除了等着接受"35岁危机",在我们面前,其实还有另一种选择,那就是主动出击。通过对自身人力资本的投资,提升自我价值,在职场上让自己拥有主动权。这就要求我们不仅要掌握谋生的知识技能,对自身的知识进行及时更新,而且更重要的是学习内容要具有一定前瞻性,学习创造性的思维方法,注重成功素质潜能的开发训练。

只有不断更新知识储备,不断超越自我,不断进步,才能不断成长,才能受到公司的重用和提拔。因为,企业关注的是我们给公司创造多少价值。从人力资源的角度看,提倡终身学习可以带动机构发展。管理学上有个名词叫作"学习机构",即机构内的每个成员除了在工作岗位上边做边学外,也不忘留心外面的发展,不断学习新事物,提升自己的能力。当我们的能力越来越高时,工作效率便会越来越好,给整个机构带来正面的帮助。

对于企业来说,这一点也尤为重要。领导们纷纷鼓励员工利用一切机会充实自己,致力于将自己的企业建设成为学习型组织。所以，对于个人来说，为自己充电，提高自身价值，又可以得到公司的支持和认可，何乐而不为呢？而事实上，领导们的这种态度，也只是源于企业的长远发展，因为企业要掌握自己的命运，在生存、发展和消亡之间做出选择，只有通过不断提高企业内部人力资源质量，不断获取最新信息，革新技术、工艺，创造新业绩，才能使企业立于不败之地。

《论语》道："学而不思则罔，思而不学则殆。"要知道，逆水行舟，不进则退。只有不断学习，不断进步，才能跟得上社会发展的步伐。

向前进，困难尽处是成功

所谓进步，就是努力做好能力以外的事

"15岁觉得游泳难，放弃学习游泳；到18岁遇到一个你喜欢的人约你去游泳，你只好说'我不会'。18岁觉得英语难，放弃学习英语；28岁出现一个很棒但要会英语的工作，你只好说'我不会'。人生前期越嫌麻烦，越懒得学，后来就越可能错过让你动心的人和事，错过新风景。"这是蔡康永在自己的书中写过的一段话。

每个人在出生的时候都只会躺在床上，用哭泣来表达自己的诉求。但是渐渐地，我们学会了爬行，学会了站立，学会了说话和走路。我们不断去尝试能力以外的事情，不断突破自己的上限，不断地进步。正是这样一点一滴积累起来，我们变成了现在的自己。

所谓进步，就是努力做好能力以外的事情。

1878年6月6日，一个名叫威廉·马蒂斯的男孩子出生在美国得克萨斯州的一个爱尔兰家庭。马蒂斯的父母是爱尔兰籍移民，家里没有一点积蓄，加之当时美国经济不景气，马蒂斯的母亲常常为一日三餐发愁。

少年时代的马蒂斯只读了几年书便早早辍学了，他不得不像大人一样，为了生计奔波。

马蒂斯在火车上卖报纸、送电报、贩卖明信片等东西，赚取微

第七章　日积跬步，方至千里

薄的收入，以贴补家用。

与其他报童不同的是，马蒂斯放报纸的大背包里时刻都装着书。空闲的时候，当别的报童纷纷去听火车上卖唱的歌手们唱歌或跑到街上玩耍时，马蒂斯便悄悄地躲到车站的角落里读书。

在这段时间，他初步认识到世界上的一切事物的发展变化都遵循各自的规律。

马蒂斯的家乡盛产棉花，在对棉花过去十几年的价格波动做了分析总结后，1902年，24岁的马蒂斯第一次入市买卖棉花期货，便小赚了一笔。之后他又做了几笔交易，几乎每笔都能赚到不少钱。

投资棉花期货的成功坚定了马蒂斯进军资本市场的信心。不久，马蒂斯到俄克拉荷马去当证券经纪人。

当别的经纪人都将主要精力放在寻找客户以提高自己的佣金收入时，马蒂斯却把美国证券市场有史以来的记录收集起来，一头扎进了数字堆里，在那些杂乱无章的数据中寻找着规律性的东西。

当时做经纪人的收入是很可观的。每到夜晚，马蒂斯的许多同事便出入高级酒店、呼朋唤友。而他由于没有客户，得不到佣金，只能穿着寒酸的衣服躲在狭小的地下室里独自工作着。

同事们笑他迂腐，笑他找不到客户，还暗地里给他起了外号。

马蒂斯并不理会这些，依然我行我素。他用几年的时间去学习金融市场的运行规律，不分昼夜地在图书馆研究金融市场在过往一百年里的历史。

1908年，马蒂斯30岁，移居纽约，成立了自己的经纪公司。同年8月8日，马蒂斯发表了他最重要的市场趋势预测法：控制时间因素。

经过多次准确预测后，马蒂斯名声大噪。

向前进，困难尽处是成功

许多人对马蒂斯一次次对证券市场的准确定位颇为不解，更有一些人坚持认为这个年轻人根本没有那么大的本事，他的成功只不过是传媒在事实的基础上大肆渲染的结果。

为证明自己报道的真实性，1909年10月，记者对马蒂斯进行了一次实地访问。

在杂志社记者和几位公证人员的监督下，马蒂斯在10月份的25个市场交易日中共进行286次买卖，结果，264次获利，获利率竟高达92.3%。

这一结果一见诸报端，立即在美国金融界引起轩然大波。人们惊呼，这个年轻人简直太幸运了！

以后的几年里，马蒂斯在华尔街共赚取了五千多万美元的利润，创造了美国金融市场白手起家的神话。

不仅如此，他潜心研究总结出的"波浪理论"还被译成十几种文字，作为世界金融领域从业人员必备的专业知识而被广为传播。

从年少辍学，到成为金融大亨，马蒂斯靠的正是不断的自我突破，不断尝试自己能力以外的事情，并且做好它。

每个人的成就都不是随随便便获得的。我们只看见别人毫不费力取得成就，却不知道他在我们看不见的地方默默努力了很久，让自己的能力不断得到提升，不断取得新的进步。

如果我们愿意放弃灯红酒绿的精彩生活，沉下心来默默努力，悄悄拔节，在下一个春天来临的时候，或许我们也可以一夜盛开，惊艳四方。

第七章 日积跬步，方至千里

你要不慌不忙，慢慢变强

我之前所在的一家公司，曾经招进一个大学刚毕业的男生。

他很努力，也很有上进心，但是似乎太想做出成绩、表现自己了，所以看起来不免有点急躁。

文件写好不检查一下就匆匆上交，结果里面有很多的错别字；复审书稿还没登记就匆匆进入下一流程，导致后期工作安排混乱；更有一次，急急忙忙给印厂发印刷文件，结果发错了，险些给公司造成重大损失。

这样的事情发生多次，原本看好他的领导也不免感到失望，渐渐不再敢把重要的工作交给他。

他本人更是感到自责，尤其在错发印刷文件的事情发生之后，他突然变得畏首畏尾起来，总担心自己会犯错，会惹麻烦。

就这样，一个原本被公司领导寄予厚望，本人也对前途信心满满的年轻人，逐渐被边缘化，只能去做一些简单的、不重要的打杂工作。

他似乎也慢慢失去了往昔的斗志，每天按部就班地工作，再也没有了进取的锋芒。

这个男生最大的问题就是在能力尚且不足的时候太过急躁，没有沉下心来提升自己，而是一味地想快点做出成绩表现自己。

向前进，困难尽处是成功

正所谓"欲速则不达"，能力不足的时候一味追求做事的速度，很可能导致做得越多错得越多。这个时候，你需要静下心来，不慌不忙地努力，提升自己的能力，让自己变得更强。

先保证不做错，再去想怎样做得更快更好。

这就像小孩子学走路，一定要先学会站立，站稳了；再学习迈步子，一步一步走稳当；最后才能学习奔跑跳跃。如果连站都站不稳就想跑，是必然会摔跟头的。

有的人摔了跟头以后懂得吸取教训，知道下一次该怎么走、怎么跑；但有的人——比如上面提到的男生，摔了跟头以后就一蹶不振，不但不敢再跑，甚至连站起身的勇气都没有了。

年轻人懂得上进是好的，但是不要过于急躁。

有句话说得好：三年入行，五年懂行，十年成王。

即便是从事专业对口的工作，也要面临着许许多多在学校没有学习过的知识，需要在工作中不断接触，不断学习，才能逐渐了解这个行业的全貌，逐渐做到成熟，做到精通。

有很多刚毕业的大学生，觉得自己已经学有所成，是天之骄子，渴望一毕业就做经理、做主管。这是非常不现实的。

大学期末考试的最后一天，在一幢楼的台阶上，一群工程系高年级的学生挤作一团，正在讨论几分钟后就要开始的考试。他们的脸上充满了自信。这是他们参加毕业典礼之前的最后一次考试了。

一些人谈论他们现在已经找到的工作，另一些人则谈论他们将会得到的工作。带着经过四年的大学学习所获得的自信，他们感觉自己已经准备好，仿佛能够征服整个世界。

这场即将到来的考试将会很快结束。教授说过，他们可以带任

第七章　日积跬步，方至千里

何他们想带的书或笔记，要求只有一个，就是他们不能在考试的时候交谈。

他们兴高采烈地冲进教室。教授把试卷分发下去。当学生们注意到只有五道评论类型的考题时，脸上的笑容更灿烂了。

三个小时过去了，教授开始收试卷。学生们看起来不再自信了，他们的脸上挂满了沮丧。

教授俯视着他面前这些焦急的面孔，面无表情地说道："完成五道题目的请举手！"

没有一只手举起来。

"完成四道题的请举手！"

还是没有人举手。

"完成三道题的请举手！"

仍然没有人举手。

"两道题的！"

学生们不安地在座位上扭来扭去。

"那么一道题呢？有没有人完成了一道题？"

整个教室仍然沉默。教授放下了试卷。"这正是我期望得到的结果，"他说，"我只想要给你们留下一个深刻的印象：即使你们已经完成了四年的工程学学习，但关于这个学科仍然有很多的东西是你们还不知道的。这些你们不能回答的问题，是与每天的日常生活实践相联系的。"

然后，他微笑着补充道："你们都将通过这次测验，但是记住——即使你们现在是大学毕业生了，你们的教育也还只是刚刚开始。"

即便我们在学校年年拿一等奖学金，也不代表能一毕业就胜任

向前进，困难尽处是成功

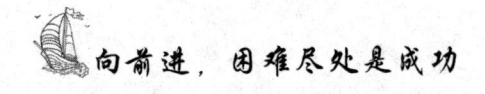

本职工作。理论与实践之间有着巨大的鸿沟，工作中会遇到的很多问题也是老师在课堂上不曾讲过的。

我们需要在工作岗位上慢慢打磨，将所学知识应用于实践，在实践中不断强化自己的能力。不要急于求成，不要还没有将最基础的工作做好，就想着做出什么了不起的成绩。

我们必须不慌不忙，给自己时间成长。

我们要像海燕一样，长出有力的翅膀，可以搏击风浪。

我们要像苍鹰一样，迎着太阳，去展翅翱翔。

我们要不慌不忙，让自己慢慢变强。

第七章　日积跬步，方至千里

每天进步一点点

这个世界上，有人可以一夜长大，但没有人可以一日成才。每个看似随随便便成功的人，都曾在你看不见的地方付出了无数艰辛的努力。

有句话叫"台上一分钟，台下十年功"。成功要靠日积月累，每天进步一点点，遇山开路，遇水架桥，自己蹚平荆棘，自己开辟道路。跌倒了要自己爬起来，可以哭，但不能停下脚步。

在20世纪50年代，日本生产的各种商品亟须摆脱劣质的国际恶名，多次请美国的企业管理大师开药方。

美国著名的质量管理大师戴明博士就多次到日本松下、索尼、本田等企业考察传经，他开出的方子非常简单——每天进步一点点。

日本的这些企业按照这个要求去做，果然不久就取得了质量的长足进步。现在日本先进企业评比，最高荣誉奖仍是"戴明博士奖"。

如果你期冀成才，渴望成功，用心体味戴明博士的方法肯定会受益终生。

每天进步一点点，听起来好像没有冲天的气魄，没有诱人的硕果，没有轰动的声势，可细细地琢磨一下：每天，进步，一点点，那简直又是在默默地创造一个料想不到的奇迹。

有一道小智力题：荷塘里有一片荷叶，它每天会增长一倍。假使30天会长满整个荷塘，请问第28天，荷塘里有多少荷叶？

答案是有四分之一荷塘的荷叶。假使你站在荷塘的岸边，你会发现荷叶是那样的少，似乎只有那么一点点。但是，第29天荷叶就会占满荷塘的一半，第30天就会长满整个荷塘。

正像荷叶长满荷塘的整个过程，荷叶每天变化的速度都是一样的，可是前面花了漫长的28天，我们能看到的荷叶却只有那么一点点。这个时候，有人会等不及，会不耐烦，会想要放弃。

如果真的放弃，你就彻底输了。

在追求成功的过程中，我们必须每一天都拼尽全力去奋斗，即使进步缓慢，也不要停下脚步。

正所谓聚沙成塔，集腋成裘。大厦是由一砖一瓦堆砌而成的，比赛是由一分一分赢得的。每一个重大的成就，都是由一系列小成绩累积而成的。如果我们留心那些貌似一鸣惊人者的人生，就会发现他们的"惊人"之处并非一时的神来之笔，而是缘于事先长时间一点一滴的努力与进步。

成功是能量聚积到临界程度后自然爆发的结果，绝非一朝一夕之功。一个人眼界的拓展，学识的提高，能力的长进，良好习惯的形成，工作成绩的取得，都是一个持续努力、逐步积累的过程，是"每天进步一点点"的总和。

每天进步一点点，贵在每天，难在坚持。"逆水行舟用力撑，一篙松劲退千寻"。

要"每天进步一点点"，就要耐得住寂寞，不因收获不大而心浮气躁，不为目标尚远而轻易动摇，而应具有持之以恒的韧劲；要顶得住压力，不因面临障碍而畏惧退缩，不为遇到挫折而垂头丧气，而应具有攻坚克难的勇气；还要抗得住干扰，不因灯红酒绿而

第七章　日积跬步，方至千里

分心走神，不为冷嘲热讽而犹豫停顿，而应有专心致志的定力。

洛杉矶湖人队的前教练派特·雷利在湖人队最低潮时，对球队的12名队员说："今年我们只要求每人比去年进步1%就好，有没有问题？"

球员一听：才1%，太容易了！

于是，在罚球、抢篮板、助攻、抄截、防守五方面每个人都有所进步，结果那一年湖人队居然得了冠军，而且是最容易的一年。

不积跬步，无以至千里。只要你每天进步1%，就不必担心自己不快速成长。

在每晚临睡前，不妨自我反思一下：今天我学到了什么？我有什么做错的事？有什么做对的事？假如明天要得到理想中的结果，有哪些错绝对不能再犯？

反思完这些问题，你就会比昨天进步1%。无止境的进步，就是你人生不断卓越的基础。

你在人生中的各方面也应该照这个方法去做，持续不断地每天进步1%，坚持下来，你一定会有一个高品质的人生。

不用一次大幅度地进步，一点点就够了。不要小看这一点点，每天小小的改变，积累下来就会有大大的不同。而很多人在一生当中，连这一点点进步都不一定做得到。人生的差别就在这一点点之间。如果你每天比别人差一点点，几年下来，就会差一大截。

《龟兔赛跑》中，乌龟正是凭借着每次向前迈进一点点的决心，艰难而缓慢地前进着，却最终赢过了健步飞奔的兔子。不要小看这一点点的进步，每天进步一点点，日积月累，就会是巨大的进步。

正所谓"量变产生质变"，每天进步一点点，看似微不足道，但是积累到了一定的时间，一定的程度，就会让原本默默无闻的人

向前进，困难尽处是成功

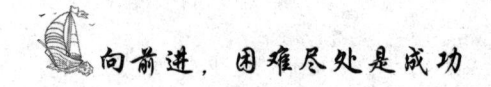

闪闪发光，让原本泯然众人的我们成为耀眼的存在。

不积跬步，无以至千里。人生恰似一场漫长的马拉松比赛，途中总有让你觉得筋疲力尽想要放弃的时候，这时你可以放慢脚步，也可以大哭一场，但即使哭泣，也不要停下脚步；即使缓慢前行，至少也有进步。只要每一天都在进步，就终将抵达梦想的终点。

08

第八章　保持热爱，奔赴山海

世上只有一个真理，便是忠实于人生，并且爱它。

——罗曼·罗兰

第八章　保持热爱，奔赴山海

每一份热爱，都不应该被辜负

2021年6月，70岁的徐安玲拿到中国美院书画双学位的新闻冲上热搜。

徐安玲从小就喜欢用铅笔写生，描绘家乡的农田、古镇的生活。参加工作后，她先后做过机修工、出租车司机，工作生活的忙碌让她暂时放下了画笔，但这份对书画的热爱一直埋藏在心底。

退休后，一下子闲下来的徐阿姨总觉得生活缺少了点什么，于是在58岁那年，她重新拾起了画笔。这一拾，就再也丢不下来。

2009年，徐安玲进入中国美院进修班学习，一学就是5年。2013年，她又参加全国统考，被中国美院成人大专班录取，并于2016年7月顺利毕业。不满足大专学历的她又乘胜追击，参加了2017年的全国成人高考（专升本考试），以超过录取分数线87分的成绩，如愿考取中国美术学院书法专业本科，于2019年顺利毕业。刻苦学习12年拿到中国美院双学士学位。进大学与年轻人一起学习，徐阿姨面对的不仅仅是外人异样的眼光，还有繁重的国画学习带来的压力。

"国画创作中的花鸟是千变万化的，老师还要求做到下笔无悔，不能修改，对我来说，这个难度特别大。"徐安玲说，别的学生每天练习3~4小时，她只能靠多练多画来弥补自己的不足。

向前进，困难尽处是成功

那段时间，她索性不回寝室，直接住在了画室里，每晚练习到12点，就在教室里搭个帐篷过夜；睡到第二天早上5点，她又早早起床开始第二天的练习。

徐安玲说："我在中国美院继教院的学习，下了很大功夫，也付出了许多心血。无论酷暑烈日，还是霜雪满地，我从不缺席，就是休息日也在教室里临摹字画，提高自己的书画水平。每天从早上六点到晚上十一点，我的大部分时间都花在书画训练、临摹创作上。在整个学习过程中，我认为最困难的是要克服年龄大、基础薄弱的问题。我与年轻人一样，吃住在学校，按时进教室听老师讲课，参加学校安排的各类活动。我十分珍惜这一次次来之不易的学习机会，因此也付出了比别人更多的学习时间和更大毅力，不断提升自我。

"2016年，我如期完成了书法大专班的学业，于是趁热打铁抓紧复习，又参加了全国专升本考试，又一次被中国美院继教院录取。收到录取通知单时，我很激动，感到无比幸福。2019年我如期完成书法本科学业，取得学士学位，同时被评为优秀毕业生。"

2021年6月，年满70周岁的徐安玲终于取得了自己的第二个艺术学学士学位。她轻描淡写地说，学画虽然不容易，但只要有了兴趣，就不觉得苦了。

我们每个人都会有自己的梦想，梦想是心中的渴望，是前行的力量。它色彩斑斓，摇曳生辉。梦想不等于是幻想，梦想是需要靠脚踏实地的努力、坚持不懈的奋斗来实现的。

一个14岁的男孩在家乡奥地利格拉茨市的一家商店橱窗里看

第八章 保持热爱，奔赴山海

到了一本健美杂志，封面人物是雷格·帕克，照片是他在电影里扮演大力神的造型。这个男孩对自己说：嘿！我的榜样就是他了！我要像雷格一样赢得宇宙先生称号，我要去美国，要像雷格一样进军影坛！

当这个稚气的男孩信誓旦旦地说出他的人生梦想时，朋友们都觉得他太疯狂了，认为骨瘦如柴的他这是在做白日梦。连他的母亲也不相信他的梦想，她一直希望他成为一个木匠。

18岁时，为了实现心中的梦想，他前往德国参加欧洲先生的健美比赛。最终，他捧回了青年欧洲先生的奖杯。他用自己的行动证明了梦想是奇迹的源头，梦想越疯狂，成功就越巨大。

在他21岁的时候，他的梦想开始起飞。他获邀参加在美国纽约举行的国际健美健身联合会奥林匹克先生争霸赛。他走路大摇大摆，相信自己是人们见过的体格最健壮的健美运动员。但是这次，他输了，屈辱的眼泪告诉他，要想彻底实现自己的梦想，他还有许多东西要学。在接下来的比赛中，当其他健美运动员出去喝啤酒的时候，他还在自己的公寓里观看上一届奥林匹克先生得主过去所做的健美表演影片。之后，他真的成为新的健美之王，并在此后的五年内，一直蝉联这份桂冠。

他拍摄的第三部影片《饥肠辘辘》为他带来了一座金球奖。他并不满足，他有更大的梦想，他对自己说：我将成为一个明星，而且每个人都将知道我的名字。

在他拍摄动作片《终结者》的时候，导演卡梅隆原本打算让他演英雄里斯，而不是终结者。他非常希望自己能够饰演终结者，所以花了半个小时，主动接近卡梅隆，详细而又清晰地说出自己心中的梦想，即使卡梅隆略施小计想激怒他，想让他主动离开，他也

向前进，困难尽处是成功

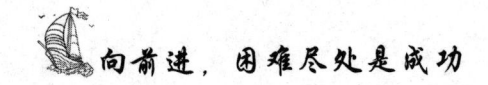

没有放弃。最后，卡梅隆被他的讲解吸引住了，答应了他的请求。《终结者》使他受到电影生涯中前所未有的好评，让他跃升进入国际一线影星的行列。那么他是谁呢？他就是心怀狂热梦想、做事做到极致的阿诺·施瓦辛格。

无论是徐安玲老人，还是施瓦辛格，他们都为了自己所热爱的事业拼尽全力，最终抵达梦想的巅峰。

人生的最大意义，就是和自己所爱的一切在一起。每一份热爱，都不应该被辜负；每一份热爱，都值得我们全力以赴。

第八章　保持热爱，奔赴山海

长风破浪会有时，直挂云帆济沧海

最近在看戴建业教授的一本书，叫《戴老师魔性诗词课》，里面讲到李白的《行路难（其一）》：
　　金樽清酒斗十千，玉盘珍馐直万钱。
　　停杯投箸不能食，拔剑四顾心茫然。
　　欲渡黄河冰塞川，将登太行雪满山。
　　闲来垂钓碧溪上，忽复乘舟梦日边。
　　行路难，行路难，多歧路，今安在？
　　长风破浪会有时，直挂云帆济沧海。

李白是一位浪漫主义诗人，同时也具有极其乐观的性格。

这首诗中，"停杯投箸不能食，拔剑四顾心茫然。""欲渡黄河冰塞川，将登太行雪满山。""行路难，行路难，多歧路，今安在？"这几句把英雄末路的境况描写得淋漓尽致。但是最后两句陡然一转："长风破浪会有时，直挂云帆济沧海。"用戴建业老师的话说："没有想到，不仅突然有路走，而且还是通天大道！"

要知道，写这首诗的时候，李白刚刚被唐玄宗"赐金放还"。用通俗的话说，就是老板给了点遣散费，把他辞退了。这时李白的心里是很痛苦的，不知道未来的人生道路要怎么走。在这种情况下还能写出"长风破浪会有时，直挂云帆济沧海"，这种乐观豪放的

向前进，困难尽处是成功

气概是许多人无法比拟的。

现实生活中，每个人都有七情六欲和喜怒哀乐，烦恼也是人之常情，是避免不了的。但是，由于每个人对待烦恼的态度不同，所以烦恼对人的影响也不同，通常人们所说的乐天派与多愁善感型就有很大的区别。乐天派的人一般很少自寻烦恼，而且善于淡化烦恼，所以活得轻松，活得潇洒；而多愁善感型的人喜欢自寻烦恼，一旦有了烦恼，忧愁万千，牵肠挂肚，离不开，扔不掉，自然活得也不洒脱。

我在美国的时候认识了一家饭店的经理，叫汤姆。

汤姆的心情总是很好，每当有人客套地问他近况如何时，他总是毫不考虑地回答："我快乐无比。"

每当看到别的同事心情不好，汤姆就会主动打探内情，并且为对方出谋献策，引导他去看事物好的一面。他说："每天早上，我一醒来就对自己说，'汤姆，你今天有两种选择，你可以选择心情愉快，也可以选择心情不好'，我选择心情愉快。每次有坏事发生，我可以选择成为一个悲伤的受害者，也可以选择乐观地面对各种处境。归根结底，要自己选择如何面对人生。"

然而，即便是这样一个乐观积极的人，也会遇到不测。有一天，汤姆被三个持枪的歹徒拦住了。歹徒无情地朝他开了枪。幸好有人路过，帮他叫了救护车，汤姆被送进急诊室。经过18个小时的抢救和几个星期的精心治疗，汤姆出院了，不过仍有小部分弹片留在他体内。

半年之后，我见到汤姆，关切地问他近况如何。他说："我快乐无比。想不想看看我的伤疤？"我好奇地看了伤疤，然后问他受伤时想了些什么。汤姆答道："当我躺在地上时，我对自己说我有

第八章 保持热爱，奔赴山海

两个选择：一是死，二是活，我选择活。医护人员都很善解人意，他们告诉我，我不会死的。但在他们把我推进急诊室后，我从他们的眼神中读到了'他是个死人'。那一刻，我感受到了死亡的恐惧。我还不想死，于是我知道我需要采取一些行动。"

"你采取了什么行动？"我问。

汤姆说："有个护士大声问我有没有对什么东西过敏。我马上答'有的'，这时所有的医生、护士都停下来等我说下去。我深深吸了一口气，然后大声吼道：'子弹！'在一片大笑声中，我又说道：'请把我当活人来医，而不是死人。'"

人的一生中，难免会遇到各种各样的问题，总会遇到一些不称心的人，不如意的事，此时，应该以什么样的心态面对这一切呢？如果我们乐观又积极，那么你的命运也会随着我们的好心情而转弯。

其实，态度决定命运。我们用什么样的态度对待生活，生活就会以什么样的态度来对待我们。我们消极沮丧，生活就会暗淡无光；我们积极向上，生活就会给我们许多快乐。失意落寞的时候，不妨学学李白，告诉自己，即便已经穷途末路，明天依旧会有长风破浪，带着我们"直挂云帆济沧海"。

向前进，困难尽处是成功

别怕路长梦远，总有星河照耀

我和安姐是几年前在健身房认识的，那天她运动中低血糖突然发作，无力地坐在休息区的椅子上，大颗大颗的汗珠从额头滚滚滑落。我从包里拿出随身带的巧克力给她，就这样和她攀谈起来。

看外貌，安姐只比我大三四岁的样子，但其实她已经快五十岁了。

她独自经营着一家小工厂，儿子在国外读书，离婚多年，没有再嫁。她的生活很规律，白天上班，晚上没有应酬就回家读书学习，每周四次去健身房撸铁，腰间没有赘肉，脸上没有横肉。

坦白说，我很羡慕她这样的岁月静好。

一次聊天，我问她为什么能从容不迫地把事业和生活都打理得井井有条，好像无所不能的样子。她跟我说了一段话，让我至今都没有忘记。

她说，十几年前，她也经历过一段特别黑暗的时光。那时她刚开始经营现在的工厂，几家客户全部拖欠货款，工厂整整一年没有进账，连工人的工资都发不出来。陆续有工人离职，人手不够，她虽已有五六个月的身孕也只能在车间里跟工人一起干活。每天晚上，她都是最后一个离开工厂的。

"凌晨一两点，那段伸手不见五指的回家路，我一个人走了一整个冬天，从此我不怕黑暗。欠银行高额的贷款，银行不停催债；

第八章　保持热爱，奔赴山海

同样做生意的老公不停跟我要钱填补他那边的窟窿；工人不停催工资，这样的日子我过了一年，从此我不再怕事。老公出轨女下属，在我为了省钱还债每天啃馒头就咸菜的时候，带她去我不舍得吃的海底捞，送她我不舍得买的衣裙包包，从此我不再相信爱情。我只相信自己头脑里的知识和自己银行卡里亲手赚的钱。"

她说，她没有什么远大的理想，只想把工厂经营好，多赚点钱，给父母和孩子安稳富足的生活，不用像她当年一样省吃俭用；让跟着她多年的工人能赚到满意的薪水养活一家老小，不用在四五十岁的年纪出去打零工。虽然现在看起来安稳，但是路有多难走，只有她自己知道。

她说，她已经忘了那些年的夜路有多长，那些夜晚有多冷，只记得当时的满天星光真好看，照亮着她的前路。那点点微光给她勇气和力量，让她没有丧失希望。

安姐语气平淡地说着自己的往事，好像她只是一个看客，看曾经不谙世事的姑娘如何跌倒，摔得满身泥土血肉模糊；又如何爬起来，凭着先前跌倒的经验，绕过后面的坑，勇敢地继续奔跑。

一场大雨后，一只蜘蛛艰难地向墙上那张支离破碎的网爬去。

由于墙壁潮湿，每当它爬到一定的高度就又掉下来了。它一次次地向上爬，一次次地又掉下来……

第一个人看到了，叹了一口气，自言自语："我的一生不正如这只蜘蛛吗？忙忙碌碌却无所得。"于是，他日渐消沉。

第二个人看到了，说："这只蜘蛛真愚蠢，为什么不从旁边干燥的地方绕一下爬上去？我以后可不能像它那样愚蠢。"于是，他变得聪明起来。

向前进，困难尽处是成功

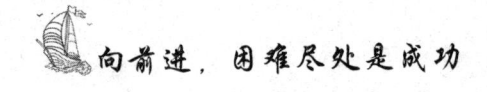

第三个人看到了，说："真想不到这只小小的动物，居然有如此顽强的斗志，我以后要学习它屡败屡战的精神。"于是，他变得坚强起来。

很多时候，一个人对待问题的态度决定了他以后的人生。拥有积极心态的人，能够从失败中吸取经验、总结教训，继续走好以后的路；而消极心态的人，遇到困难会一蹶不振，人生从此跌入深渊。拥有好心态的人无论遇到什么事都会以一颗乐观、积极的心去面对，无论在多么糟糕的境遇下都能看到生活美好的一面，也正因如此，才更容易获得成功。

曾经有一位贫穷的父亲带着儿子去参观梵高的故居，在看过那张小木床以及裂了很大缝的皮鞋之后，儿子问父亲："梵高的画那么值钱，难道他不是一位百万富翁吗？"父亲回答说："不是，梵高生前是一位连妻子都娶不上的穷人。"

第二年，这位父亲带儿子又去了丹麦，在安徒生的故居前，儿子又困惑地问："爸爸，安徒生不是一直生活在皇宫里面吗？"父亲答："不是，安徒生是一位鞋匠的儿子，他生前大部分时间都生活在这栋阁楼里面。"

这位父亲是一个出身卑微的水手，每年往返于大西洋的各个港口，他的儿子便是伊东·布拉格，美国历史上第一位获普利策奖的黑人记者。

20年后，在回忆童年时，伊东说："那时我们家很穷，父母都靠苦力为生。有很长一段时间，我一直认为像我们这样地位卑微的黑人是不可能有什么出息的，好在父亲让我认识了梵高和安徒

第八章 保持热爱，奔赴山海

生。这两个人告诉我，只要满怀希望地努力奋斗，任何人都是可以改变命运的。"

其实，在很多时候，是心态最终决定了人生的高度。

当我们身处恶劣的环境时，不要悲观失望，也别怕路长梦远，因为总有满天星河为我们照亮前路。

向前进，困难尽处是成功

追梦的人，眼里会有光

认识老许是在一个朋友组织的饭局上，那时他是诗刊社的编辑，四十多岁的样子，个子不高，穿着朴素，眼镜片比啤酒瓶底还要厚，讲着一口略带川味的普通话。

我对老许的第一印象很一般，我甚至有点傲慢地认为，这么大年纪还只是一名基层编辑，说明他要么是工作不求上进，要么就是能力不行，总之，不会是一个特别优秀的人。

在后来的聊天中，他得知我平时也喜欢写点东西，发表过一些作品，于是经常在微信上转发一些写作方面的文章或是出版行业的资讯给我。

渐渐地，我发现他对这个行业有着超乎寻常的热爱。

他说他以前做过厨师，这让我感到很意外——这是两个风马牛不相干的行业啊。原来，他并非科班出身，甚至没读过大学。高中毕业，就跟着亲戚出来打工了，在一所大学的食堂干了六年。

他从小热爱文学，所以那六年间，他没事的时候就看书——从学校图书馆免费借来的书，后来渐渐开始投稿。那时投稿还是纯手写，装进信封，塞到学校门口的邮筒里。渐渐地，他的小文章开始发表，有时是在报纸上，有时是在杂志上；也有一些文章在各类征文比赛中获奖。

再后来，他在当地的写作圈有了些名气，开始有一些笔会邀请

第八章 保持热爱，奔赴山海

他参加，这使他结识了一些当地作协和文联的朋友。机缘巧合下，通过某位文联朋友的引荐，他进入杂志社，成了一名编辑。在杂志社工作期间，他通过成人自考获得了本科学历，这才算是正式站稳了脚跟。

后来，他没有想着提高学历，而是把时间都花在读书上，从秦汉文学，到唐诗宋词，再到明清小说，他无一不读。

他说，他热爱这个行业。许多编辑对自己职业生涯的规划是，策划畅销书，做编辑部主任，做社长。但他不去想那些，他只想在基层的文字编辑岗位上，做自己热爱的事情。

或许正是这种热忱，让他的眼里一直闪着光。

热忱是一个人对所做事情的感觉和兴趣。一个人对工作没有热忱，那就不能体会到劳动的快乐，也就不能在事业上取得成就；一个人对生活缺乏热忱，就不会以一颗感恩的心来看待生活中的种种美好。要知道，只有以充满热忱的态度来工作、生活，才能给自己赢得更多的机会，收获更多。

世界第一名女性打击乐独奏家伊芙琳·格兰妮说："从一开始我就决定：一定不要让其他人的观点阻挡我成为一名音乐家的热情。"

伊芙琳成长在苏格兰东北部的一个农场，八岁时就开始学习钢琴。随着年龄的增长，她对音乐的热情与日俱增。但不幸的是，她的听力却在渐渐下降，这是由于难以康复的神经损伤造成的。医生断定在她十二岁时将彻底耳聋，但她对音乐的热爱却并没有因此而停止。

伊芙琳的目标是成为一名打击乐独奏家，虽然当时并没有这么一类音乐家。但她却并不因此退缩，而是坚持苦练，并学会了用不

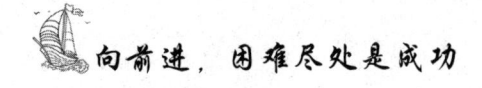

同的方法聆听其他人演奏的音乐。她只穿长袜演奏，这样她就能通过身体和想象来感觉到每个音符的震动，她几乎用所有的感官来感受着她的整个声音世界。

她决心成为一名音乐家，而不是一名耳聋的音乐家，于是她向伦敦著名的皇家音乐学院提出了申请。

因为以前从来没有一个失聪学生提出过申请，所以一些老师反对接受她入学。但是她的演奏征服了所有的老师，她顺利地入了学，并在毕业时荣获了学院的最高荣誉奖。

从那以后，她的目标就致力于成为第一位专职的打击乐独奏家，并且为打击乐独奏谱写乐章，因为那时几乎没有专为打击乐而谱写的乐谱。

爱默生说："缺乏热忱，难以成大事。"成功与其说是取决于才能，不如说取决于人的热忱。热忱可以分享、复制，它是生命中一种最巨大的奖励，带来精神上的满足。也是一种分给别人之后反而会增加利润的资产。

热忱是一个人难得的品质，它不仅是人取得成功的法宝，也能让一个人战胜苦难，成就梦想，不仅如此，有时它甚至是人取得事业成功的关键所在。

一次，有人问纽约中央铁路公司总裁费德烈·威廉森："你选拔高层领导是不是主要看能力呢？"一般人都会认为能力至上，但费德烈·威廉森的回答出人意料。"成功者与失败者，他们的能力与聪明才智其实差异不大。"费德烈·威廉森说，"如果两个人各方面条件都相近，那么，更热情的那一位一定能更快取得成功。一个能力平庸但是很热情的人，往往会胜过能力出众却缺乏热情的人。一方

第八章　保持热爱，奔赴山海

面，他的热情能弥补能力的不足；另一方面，只要有热情，他一定会努力工作、勤奋学习，从而提高自己的能力。因此，在挑选人才时，相比能力，我更看重他是否有足够的热情。"

无论是谁，心中都会有一些热忱，而那些渴望成功的人们的内心世界更像火焰一样熊熊燃烧，这种热忱实际上是一种可贵的能量。即使两个人具有完全相同的才能，必定也是更具热情的那个人会取得更大的成就。

著名社会活动家贺拉斯·格里利曾经说过："只有那些具有极高心智并对自己的工作有真正热忱的工作者，才有可能创造出人类最优秀的成果。"

一个没有热忱的人不可能始终如一、高质量地完成自己的工作，更不可能做出创造性的业绩。如果我们失去了热忱，那么我们永远也不可能从不利的环境中走出来，永远也不会拥有成功的事业与充实的人生。所以，从现在开始，对自己的人生倾注全部的热情吧，因为只有充满热情的人，眼里才会有光。

就在刚刚，我又收到老许发来的微信消息——

"我的诗又在《中华辞赋》上发表了！"附带三个大大的笑脸……

向前进，困难尽处是成功

点燃你的做事热情

你发现没有，在工作当中，会有这样两种人存在：第一种，他们对工作非常投入，倾注了极大的热情，仿佛工作本身对他们就有一种天然的吸引力；第二种，他们几乎很少有精神振奋的时候，面对工作总是一副无精打采的样子。

请问，这两种人谁能把工作做得更好呢？

答案不言而喻，当然是那个对工作保持热情的人。原因也很简单，因为当一个人对工作保持了最大的热情，那么他也就会以最佳的状态去做事，自然，他也就能够把工作做到最好。在众多的成功人士的身上，我们都可以看到他们对生活、对事业都充满了热情，就如同富有魅力的演员热爱舞台和观众，极具领导风范的企业家热爱他的企业和员工……可以说，热情是促使他们成功的动力，而如果没有了热情，那他们的事业也就成了镜中花，水中月。

可见，热情在某种意义上说，是一个人做好工作的力量。每一个成功的人背后，都有热情的存在，每一位成功人士都拥有对事业的无限热情，而正是热情，推动了他们走向成功！

在美国标准石油公司曾经有一位推销员叫阿基勃特。他对工作充满了热情，作为一名推销石油的业务员，他无时无刻不再推销着

· 168 ·

第八章　保持热爱，奔赴山海

自己的产品，即使他在出差住旅馆的时候，也总是在自己签名的下方，写上"每桶4美元的标准石油"字样；在书信及收据上也不例外，签了名，就一定写上"每桶4美元的标准石油。"因此，他被同事们戏称"每桶4美元。"而他的真名却很少有人叫了。

当公司董事长洛克菲勒听说了这个人后说："竟有职员如此努力宣扬公司的声誉，我要见见他。"于是邀请阿基勃特共进晚餐。当洛克菲勒卸任的时候，阿基勃特成了第二任董事长。

在签名的时候署上"每桶4美元的标准石油。"这算不算小事？严格来说，这件小事根本不在阿基勃特的工作范围之内。但阿基勃特做了，并坚持把这件小事做到了极致。那些嘲笑他的人中，肯定有很多人的才华、能力在他之上，可是却没有几个人把爱业、敬业、勤业的热情化为一种有影响力的企业文化精神。所以，最后也只能是他成为董事长。

当一个人将自己的全部热情专注于工作的时候，即使是最乏味的工作，也一样能够做得饶有兴致。当一个人把自己的全部热情都用在工作上的时候，热情就转化成为工作的动力，工作起来自然游刃有余，成功也会悄悄靠近。

"一个银行要想赢得巨大的成功，唯一的可能就是，他雇了一个做梦都想把银行经营好的人做总裁。"当一个人投入全部的热情在工作上，就等于在不断接近成功。

罗宾·霍顿是华盛顿哥伦比亚特区紧急安全保卫机构的创始人，他可以说是一个对工作饱含热情的楷模。尽管对别人来说，霍顿的收入颇丰，但是，霍顿却认为，她喜欢的是她所从事的工作，

向前进，困难尽处是成功

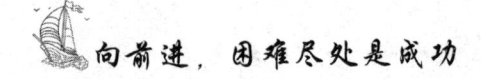

这一点远比金钱更为重要。她所创办的这家企业主要是为工商界、联邦政府和居住区的客户设计和安装保安系统。

霍顿对工作有着极大的热情。她喜欢因自己能确保客户的安全而获得的满足感。"我知道我在保护人们。"她说，"我在拯救人们的生命，我使他们能够在自己的企业或者家里不用担心会有什么危险，他们可以高枕无忧。"在她的心中，始终想的是如何给别人提供安全保障。这种对工作的热情，也成了她获得成功重要的因素。

巴甫洛夫曾说过："要有热情，你们要记住，科学需要一个人贡献出毕生的精力。科学要求每个人有严谨的态度和伟大的热情。希望你们热情地工作，热情地探索。"

托尔斯泰也说过："一个人若是没有热情，他将一事无成，而热情的基础正是责任心。"在当今这个充满了挑战和机遇的时代，只有倾注更多的热情，我们才能抓住机遇，从而干出一番轰轰烈烈的事业。

比尔·盖茨有句名言："每天早上醒来，一想到所从事的工作和所开发的技术将会给人类生活带来的巨大影响和变化，我就会无比兴奋和激动。"比尔·盖茨的这句话表明了他对工作的热爱和激情。而且微软公司在聘用时宁愿任用失败的人，也不愿任用对工作没有激情的人。

微软在对应聘人员面试时有一个名叫"挑战"的测试。被测试者会拿到一个没有标准答案的试题，例如：如果在没有秤的情况下，如何测出一架喷气式飞机的重量？答案当然不是唯一的，在整个面试过程中，考官会对被测试者的答案进行不断的提问，如果被测试者能够运用自己的逻辑思维为自己的答案进行阐述，才算是顺

第八章 保持热爱，奔赴山海

利通过。而如果被测试者不断改变自己的答案，那么他的得分将是零。这个测试是为了验证其是否对工作有无限的激情，一个没有激情的人对自己的答案会不断地放弃不断地改变，而这样的人绝对不会被录取；一个对工作充满激情的人将始终坚持自己的立场观点，只有这样的人才能被录用。在比尔·盖茨看来，一个优秀的员工，最重要的素质就是对工作要充满无限的热情。

热情可以让我们在工作中发挥出蕴藏着的力量，而这力量足以让我们看到成功的奇迹。对职场人士来说，热情是成就事业的基石，是成功的动力源泉。有了热情，我们才能更专注于我们的工作；有了热情，我们才能在职场获得更大的进步；有了热情，我们才会学到职业范围内的更多专业知识，这对我们的职场生涯来说，无疑是一笔巨大的财富。只有倾注对工作的热情，我们才能让事业取得更大的成功！

向前进，困难尽处是成功

把工作当成事业，而不是赚钱的工具

你究竟是为什么而工作？

大部分人认为工作是为了薪水，还有些人认为工作是为了消磨时间，只有很少一部分人能在工作中获得快乐、成长和幸福。

不可否认，工作确实能够为我们换取生存资源，为我们打发掉无聊的日子，但它最重要的作用并不在这两者，而是我们能通过它体现自己的真正价值。如果一个人饱食终日却无所事事，那他是不会感到快乐和幸福的；相反，他的生命将被无聊、枯燥所充斥，他的人生将如一池死水，泛不起一丝波澜。

很遗憾，在现实生活中，不少人都认为薪水是自己身价的标志，所以绝对不能低于别人。尤其是一些初入职场的年轻人，当实际拿到手的薪水与他们想象中的大相径庭时，他们就会非常消极被动地对待工作，也没有把工作做得更好的决心。

有的人会敷衍工作。他们认为企业支付给自己的工资太少，所以有理由随便应付工作以示报复。这种消极的心态直接导致他们工作时缺乏激情，能逃避就逃避，能偷懒就偷懒。不难发现，这种人工作仅仅是为了薪水，他们从来不觉得这和自己的前途有着什么必然的联系。

有的人会到处兼职。为了补偿心理的不满足，他们身兼数职，

第八章 保持热爱，奔赴山海

可由于不停地转换角色，致使自己长期处于疲劳状态，结果什么工作都做不好，自然钱也赚不到太多。

还有的人时刻准备跳槽。由于薪水不如自己的预期，很多人就将现在的工作当成跳板，时刻准备着跳槽，希望有朝一日能觅得高枝，但最终却因对工作的三心二意，在职场中到处碰壁，什么也没捞着。

总之，一个人如果只是为了薪水而工作，把工作当成解决生计的一种手段，缺乏更高远的目标，那最终他只会把工作做得更加糟糕，让自己成为庸庸碌碌大军中的一员。

其实，不同的职业观，往往会带来不同的工作状态，从而造就有着天壤之别的人生际遇。我们如果抱着为薪水而工作的态度，势必不能把工作做得更好。只有抱定为自己工作的态度，才能够让自己在工作中发挥最大的主动性，创造出最大的价值。

齐瓦勃是美国第三大钢铁公司——伯利恒钢铁公司的创始人，他在美国的乡村长大，小时候家境贫寒。可就是这样一个一贫如洗，且只受过短暂的学校教育的小男孩，却有着异于常人的事业心，无时无刻不在寻找着发展的机遇。

齐瓦勃来到钢铁大王卡内基所拥有的一个建筑工地打工。在踏入建筑工地的那一瞬间，他就暗暗地告诉自己，一定要成为最优秀的员工。因此，当工地上的同事们纷纷抱怨工作辛苦、薪水低而消极怠工的时候，他却表现出了积极的工作态度，始终认认真真地工作，默默积攒着工作经验，同时还自觉地学习建筑知识，为以后的发展打好坚实的基础。

有一天晚上，同事们都围坐在一块说笑聊天，齐瓦勃却一个人躲

向前进，困难尽处是成功

在角落里啃书本。没想到，这天刚好公司经理来工地上检查工作，他无意中看见了在墙角看书的齐瓦勃，于是，他好奇地走了过去，翻看了一下齐瓦勃手中的书和笔记本，最后一言不发地离开了。

第二天早上，公司经理问齐瓦勃："你学建筑知识做什么呢？"

"我想我们公司并不缺少打工者，缺少的是既有工作经验，又有专业知识的技术人员或管理者，对吗？"齐瓦勃慢条斯理地回答道。

经理笑着颔首，对齐瓦勃的回答表示肯定和赞赏。不久，齐瓦勃就被升职为技师。

很多同事曾嘲讽齐瓦勃不自量力，他却自信满满地说道："我不光是在为老板打工，更不单纯为了赚钱，我是在为自己的梦想打工，为自己的远大前途打工。我要使自己工作所产生的价值，远远超过所得的薪水，只有这样我才能得到重用，才能获得发展的机遇！"

好一个"我是在为自己的梦想打工"！事实最后也证明，齐瓦勃这种积极正面的工作心态是正确的。正所谓，上天不负苦心人。他通过自己的努力，凭借着自己积极向上的工作态度，终于建立了属于自己的伯利恒钢铁公司，从一个普通的打工仔，华丽转身，成了一代钢铁大王。

这就是"为老板工作"和"为自己工作"两种不同的职业观带来的人生际遇。

为什么齐瓦勃"为自己工作"的职业观能给他带来事业上的辉煌成绩，而我们却在"为老板工作"的消极心态中做一天和尚撞一天钟，始终无所收益呢？

答案其实很简单："为自己工作"的心态能让我们在职场上始终保持着一种积极向上、斗志无限、活力四射、充满激情的拼搏精

第八章 保持热爱,奔赴山海

神,我们会把公司看成自己的公司,对于任何与公司兴衰存亡有关的事情,都会全力以赴,百分百地去付出,这种热情自然能够帮助我们把工作做好。

英特尔公司前董事长安德鲁·格罗夫曾发自肺腑地说道:"无论在什么地方工作,我们都不应把自己只当成公司的一名员工,而应该把自己当成公司的老板,把工作当成自己的事业。"由此可见,一个人如果想在所属的公司取得良好的成绩,在该行业获得长远的发展,并不在于其学历如何,职位如何,关键是以什么样的心态去对待工作。

杰克在一家快速消费品公司已经工作了两年,一直处于不温不火的状态,待遇不高,但能学到不少东西,还算是比较锻炼人。但最近在和一些老朋友的交流过程中,他发现大家都发展得不错,各方面都要比自己好,这让他开始对现状不满,每天都绞尽脑汁,想着怎么跟老板提出加薪或者找准机会跳槽。

终于,他找了一次单独和老板喝咖啡的机会,开门见山地向老板提出了加薪的要求。老板笑了笑,并没有理会。经过这件事,他对工作再也打不起精神来,于是变着法儿消极怠工。一个月后,老板把他的工作移交给了其他员工,见状,他赶紧知趣地递交了辞呈。

可令他始料未及的是,在接下来的几个月里,他并没有找到更好的工作,所有应聘过的公司给他开出的待遇甚至比以前还差很多。

在职场上,像杰克这样本想加薪,最后却赔了夫人又折兵的员工比比皆是。说到底,还是因为他们在工作中无法做到以老板的心态去工作,明明自己的付出十分有限,却奢望得到远远超出付出不

向前进，困难尽处是成功

知多少倍的回报。

总之，面对工作，只有像老板一样去思考，像老板一样去行动，我们才能将自己的工作做到完美，最终成为老板心目中值得信赖和重用的优秀员工。

有一位成功人士曾说道："如果你时时想着公司的事，总把工作放在心上，老板就会时时想着你的前途，把你放在心上；如果你很少想着公司的事，时常把工作抛在脑后，老板就会很少思考你的未来，也会把你抛在脑后。"可以看到，老板都希望员工能成为他本人的替身，去帮他完成自己力所不能及的工作。

既然如此，我们就要努力破除打工者心态，把工作当成是自己的事业，就像主人翁那样，总是将工作放在心上，想方设法去追求卓越，力求完美。只有这样，我们才能在事业上收获非凡的成就，从而给自己的人生添上浓墨重彩的一笔。

09

第九章 做三四月的事，在八九月自有答案

我们应当努力奋斗，有所作为。这样，我们就可以说，我们没有虚度年华，并有可能在时间的沙滩上留下我们的足迹。

——拿破仑

第九章　做三四月的事，在八九月自有答案

眉毛上的汗水，眉毛下的泪水，你总得选一样

前几天半夜接到秀儿的电话，电话那头的她有掩饰不住的哽咽声。

秀儿是我多年前的同事加闺蜜。2018年初怀上二胎后辞职离京，回到河北老家，她先生在北京经营着刚起步的小公司。

她目前在当地一家大公司从事着专业对口的工作，业余时间经营两家淘宝网店，儿女绕膝，父母健在，夫妻恩爱。我以为，她很幸福。

然而，我在电话里听到的是另一个版本。

每周上六天班，每天加班到晚上八九点。回家要照顾两个孩子的吃喝拉撒，哄睡孩子已是半夜十一二点。洗把脸清醒一下，还要处理淘宝商品的上架、下架、修图、发货。凌晨两点之前睡觉几乎是不可能的，然而早晨八点还要赶去公司上班。

父母年纪渐老，没有大病痛，却也小病不断，时时要挂心父母的身体情况。

房贷压力巨大，两个孩子每月都需要不菲的开销，她先生的公司也一直在负债维持。

生活的种种压力就这样猝不及防地一齐涌上心头，她哭着说："为什么我的生活变成现在这样？"

多年前她是无忧无虑笑靥如花的姑娘，不知不觉间，却已是上

有老下有小、打碎牙齿和血吞的中年人。

成年人的世界没有"容易"二字，表面光鲜的背后，皆是不足为外人道的辛酸与苦楚。

第二天清晨，刷到她发在朋友圈的"加油"，我才算放下心来。

人生在世，眉毛上的汗水、眉毛下的泪水，你总得选一样。

生活对着我们迎头扣下一盆冷水，除了恨恨地骂一句，我们又能怎样呢，还不是要甩甩头继续追赶去公司的班车，还不是要擦干抹净精神抖擞地去见客户？

对于许许多多的普通人来说，生活中似乎都充满了抱怨和愤懑。

"为什么我那么努力还是考不上研究生？"

"为什么我投出的简历都如同石沉大海？"

"为什么升职名单中永远没有我？"

"为什么我辛辛苦苦工作却买不起一套房子？"

"为什么别人的孩子可以读国际幼儿园，我的孩子只能进乡镇幼儿园？"

……

很多问题是无解的，或者说，我们明明知道答案，却无力改变什么。

或许我们已经很努力了，可依旧受到生活的苛待。我们觉得失落，觉得世道不公，甚至感到愤怒。我们可以约朋友大醉一场，骂骂繁重的工作，吐槽严厉的领导，抱怨太高的房价，嘲笑自己万年不涨的工资。聊够了，喝醉了，各自回家，第二天洗个澡换件衣服，依然要扮演勤奋上进的好青年。

谁不是这样呢？

我们的苦难与不幸，不过是每一个人曾经经历、正在经历，或

第九章 做三四月的事，在八九月自有答案

者即将经历的。

没有谁的生活是容易的，我们当然可以抱怨一切的困难与挫折，因为我们需要这样一个渠道去宣泄心中的不满与愤懑。这是健康的，有益身心的。

但是抱怨过后，我们也需要当成什么都没有发生过，依然去努力，去奋斗，去创造更加美好的人生。

网络上曾经流行过这样一句话："一不解释，二不抱怨。"但我想说，抱怨并没有什么可耻的，只要我们不在这种抱怨中沉沦下去，仅仅将它作为调节情绪的一种方式，它就是合情合理的。只要我们内心清楚自己真正应该做的是什么，前进的大方向不改变，在途中偶尔歇歇脚、喘口气又有什么关系呢？

人生如此漫长，我们都不是圣人，不必刻意约束自己时时刻刻保持积极向上的心态，更不必嘲笑别人"怨天尤人"。

生活已然如此艰难，难道我们连抱怨一句的权力也要被剥夺吗？

只要我们的抱怨止于宣泄与调节情绪，发泄完了，心里爽了，该上学上学，该上班上班，继续为祖国做贡献，就依然是一个好青年。

向前进，困难尽处是成功

幸运的人，都在你看不到的地方默默努力

许多时候，人们总会用"幸运"来形容一个人的崛起与成功，还有一些人会经常抱怨自己时运不济，对生活和事业中的"不公平"产生困惑与不满。

事实上，幸运的得来，靠的是一个人艰苦卓绝的努力与永不放弃的执着。

当你呼朋引伴夜夜笙歌的时候，他在斗室里默默努力钻研；当你在艳阳下游乐狂欢的时候，他在岗位上默默辛勤耕耘；当你毕业多年仍在业界一文不名的时候，他已经成为行业翘楚，让你望尘莫及。

而你就只会说："那个人真幸运。"

这让我想起了一位做房地产行业的朋友给我讲过的一个故事。

故事的主人公是她的同事，叫蕾蕾。

蕾蕾的老家在一个偏远贫困的农村，有多偏远多贫困呢？2012年的时候还没有用上电冰箱和洗衣机，一台"大脑袋"的电视机是她家里唯一的电器。

蕾蕾大学毕业后来北京打工，做房屋租赁业务员，也叫房产经纪人。

她又矮又黑，打扮土气，呆呆笨笨的，不懂人情世故，性格也不太讨喜，在房产公司一众年轻漂亮机灵的姑娘中间显得格格不

第九章 做三四月的事，在八九月自有答案

入。总之，她在公司是一个不受待见的角色，更是从来也不会参加员工间的私人聚会。

但是这个姑娘的优点是格外勤奋。不懂就问，即使遭人白眼也要厚着脸皮把问题弄清楚。白天打推销电话；无论严寒酷暑都坚持带客户看房，哪怕正吃着饭，只要客户一个电话打来，马上放下筷子带人去看房；来租房的大部分是上班的年轻人，有些人晚上十点加班结束以后才有时间，她即使等到夜里十点、十一点也毫无怨言。回到家以后再整理资料、登记上传……

工作半年以后，她帮家里头了电冰箱、洗衣机、空调，换了更大更好的电视机。

第二年年底，她成了全公司的销售冠军。

第三年，她贷款在燕郊买了一个小房子。

当初嘲笑她的同事说："你真幸运。"

幸运吗？如果幸运是可以靠汗水与努力换来的，那她真的是非常幸运了，因为她付出了常人不愿付出、不肯付出的艰辛。

幸运永远属于勤奋的人，这是一条毋庸置疑的真理。

每个人的成就都不是随随便便获得的。你只看见别人毫不费力取得成就，却不知道他在你看不见的地方默默努力了很久很久。

向前进，困难尽处是成功

没人会嘲笑竭尽全力的人

上个星期回家，我在小区北门外新开的一家生鲜超市买了点水果拎上楼。我妈一看到印有超市LOGO的购物袋，就神秘兮兮地问我："你知道那家超市是谁开的吗？"

我一脸迷茫，难道是某位亲戚朋友？

结果我妈说，是小区以前的保安小赵开的。

我惊出了一脑袋问号——那么大面积的底商门面，租金肯定不便宜呢，他一个保安竟然负担得起？保安每月工资也就三千多元，他养活老婆孩子就要拼尽全力了吧！

但是我妈后面的话直接让我惊掉了下巴，她说，小赵的店面不是租的，而是他自己买的。

我知道他家以前住在郊区，所以我的第一反应是：他家被征地拆迁了？

我妈白了我一眼，没好气地说："当人家都像你一样只等着天上掉馅饼吗？"

原来，小赵在做保安的时候，是每天三班倒。别人下班后都会在家休息，但他利用休息时间，在家里的房前屋后盖起鸡棚、鸭舍、猪圈，搞养殖，养大了就拿到市场上去卖，还通过一些微信群发布全城免费送货上门的广告。

第九章　做三四月的事，在八九月自有答案

起初，还有别的保安看不惯他这么拼，总是笑他："辛辛苦苦养几只鸡鸭能赚多少钱，还不够玩一把牌的呢！"但是渐渐地，就没有人再笑他了，因为前几年猪肉价格飞涨，大家心知肚明，小赵肯定赚了不少钱。

就这样苦干实干外加省吃俭用，几年间他就攒够了首付款，买下了小区北门外的底商铺面。

现在，小赵已经辞去了保安的工作，专心在郊区搞养殖，他妻子就负责打理超市。

而当初那些劝他搞养殖不如打牌的保安，如今依然每天站在小区门岗，风吹日晒。

人们总是这样，会嘲笑比自己努力一些的人，但不会嘲笑竭尽全力的人。因为无论最后成功与否，竭尽全力这件事本身就值得尊敬。

伟大的西班牙画家毕加索也是一个拼尽全力的人。

他去世的时候是91岁。在90岁高龄时，他还拿起颜料和画笔开始画一幅新画，一幅崭新风格的画。

大多数画家在创造了一种适合自己的绘画风格后，就不再改变了，特别是当他们的作品受到人们的欣赏时，更是这样。而毕加索却像一位终生没有找到一种特殊艺术风格的画家，拼尽全力寻找更完美的手法来表达自己不平静的心灵。

毕加索一生创作了成千上万种风格不同的画，有时他画事物的本来面貌，有时他似乎把所画的事物掰成一块一块的。他不仅能把眼睛所看到的东西表现出来，而且把我们的思想和感受也表现出来。

正是凭着这种竭尽全力研究绘画的劲头，毕加索终成一代艺术大师。

向前进，困难尽处是成功

作家果戈理写作以勤奋著称。他坚持每天练习写作，他说："一个作家，应该像画家一样，经常随身带着笔和纸。一位画家如果虚度了一天，没有画成一张画稿，那是很不好的。一个作家，如果虚度了一天，没有记下一条思想、一个特点也不好……必须每天写作。如果一天没有写，怎么办呢？没关系，拿起笔来，写上'今天不知为什么我没写'，把这句话一遍一遍地写下去，等你写得厌烦了，你就要写作了。"

正是有了这种竭尽全力、不断进取的精神，果戈理才完成了一部部传世之作，成了世界上伟大的文学家。

1673年2月的一天，法国著名喜剧作家莫里哀患着严重的肺病，又受了风寒，身体十分虚弱。但他还是不顾亲人和朋友的劝阻，以顽强的毅力克服身体上的巨大痛苦，毅然参加了自己的新作《无病呻吟》的演出，并出演男主角。莫里哀全神贯注地投入了角色的塑造，由于咳嗽，震破了喉管，他的生命结束在了舞台上。

英国化学家、物理学家道尔顿从十七八岁开始科研生涯，从此终身不离开试验室。他对气象、物理和化学三门学科都做出了很大贡献。1844年，在他去世前的几个小时，还像往常一样在试验室记录下了当天的气象数据。

发明显微镜的荷兰著名生物学家列文虎克，晚年更加拼命地工作，他用自己制造的显微镜，夜以继日地观察动、植物细胞，并详细记述观察结果。他的研究成果公布后，向世人展示了一个崭新的微观世界，在全世界引起了轰动。

许多取得举世闻名杰出成就的人都是生命不息，奋斗不止，为

第九章 做三四月的事，在八九月自有答案

我们树立了光辉的典范。如果他们浅尝辄止，或满足于已经取得的成绩，那么莫里哀即使写出了一两部成功的作品，也不会给世人留下这么深刻的印象；道尔顿即使在某些学科有所建树，也不会在气象、物理和化学三门学科都做出这么大贡献；列文虎克即使发明了显微镜，也发现不了使他永垂青史的生物细胞。

没有人会嘲笑竭尽全力的人，因为只有竭尽全力才能走到最高峰。

向前进,困难尽处是成功

努力只能及格,拼尽全力才能赢

生活中,经常听到一些人叹息:"我觉得已经做了努力,可就是……"好像做任何事情都是轻而易举的,只要稍费一点劲,成功就应该属于他似的。诚然,努力是做好事情的前提,但努力也有个程度问题。许多时候,我们不做最大的努力就不能获得成功。有时,我们尽管做了最大的努力,也不一定成功,但毕竟"尽志无悔",总比没有尽力以后再后悔好得多。

在很小的时候,我就读过一个小故事:爱因斯坦上小学时,有一次老师布置作业,让每一个人做一件工艺品,结果,爱因斯坦交了一个十分笨拙的小板凳。老师很不满意,爱因斯坦却坦然表示,他已尽了最大努力,这是他第三次做的,比前两次做得强多了。

年幼时只觉得这个故事有趣,长大后却生出许多感悟。生活中,有些人成就卓著,令人佩服;有些人却庸庸碌碌,虚度一生。决定他们成败的,往往不是外部条件,也不是自身才能,而是能否像爱因斯坦一样,尽自己最大努力。

1964年的一天,刚刚从海军学院毕业的吉米·卡特遇到了当时的海军上将里·科弗将军。将军让他随便说几件自认为比较得意的事情。于是,踌躇满志的吉米·卡特得意扬扬地谈起自己在海军

第九章　做三四月的事，在八九月自有答案

学院毕业时的成绩："在全校820名毕业生中，我名列第58名。"他满以为将军听了会夸奖他，孰料，将军不但没有夸奖他，反而问道："你为什么不是第一名？你尽自己最大努力了吗？"这句话使吉米·卡特惊愕不已，答不上话来，但他却牢牢记住了将军这句话，并将它作为座右铭，时时激励和告诫自己要不断进取，永不自满和松懈，尽最大努力做好每一件事。

最后，他以自己坚韧不拔的毅力和永远进取的精神成了美国第39任总统。卸任后，吉米·卡特在撰写自己的传记时，便将这句话作为书名——《你尽最大努力了吗？》

吉米·卡特的故事，或多或少会给你我一些启迪。其实，细想一下，"你尽最大努力了吗"这句话确实不无道理。我们付出多少，便会得到多少。因此，不要埋怨生活，不要哀叹命运，我们尽了最大的努力，生活就会给我们以最丰厚的回报！

靳羽西女士曾说："成功的秘密，是工作比别人多一倍，看书比别人多一倍。如果你真的想每日过着高质量的生活，并进行较为系统的实践，那天底下找不出你不能成功的理由。"

1987年夏天，在北京，一个天阴得特别厉害的傍晚，狂风夹着大雨从天边袭来，顷刻间，地上便形成了无数条小河。一位三十多岁的女士正站在自家的窗前，眼睛看着窗外，神情很是犹豫。

她在想：还去不去夜大上课？这么恶劣的天气，老师和同学还会来上课吗？她拿不准主意。那时，电话还不普及，无法得知确切的消息。考虑了片刻，女士决定还是去上课。而到学校要穿过五条街。为了对付狂风暴雨，她不仅穿上了雨衣，还撑开了一把伞。有

向前进，困难尽处是成功

了双重保险，她冲出屋门。可是刚出门，伞就被风劈开，撕成碎片，刮得没了踪影。身上的雨衣在狂风的强力作用下，一会儿鼓胀如帆，她好像要被吹上天；一会儿又紧紧地将她拧成一束，大雨鞭子似的抽在身上，生疼生疼的。这给她行走带来了巨大的困难。但她没有退缩，索性脱下了雨衣，一路上近乎连滚带爬地赶到了学校。

看着落汤鸡似的女士，值班的老师急忙把她让进屋内，感叹地说："你是唯一来上课的学生啊！"那一刻，女士感到非常沮丧、委屈和绝望。自己冒着狂风暴雨，吃尽苦头来了，却是白跑一趟！望着窗外瀑布般的暴雨，女士叹道："我是一个大傻瓜！"这时，值班的老师笑着说："怎么会是傻瓜呢？你将来会有大出息的。"女士不解，疑惑地望着老师。老师又缓缓地说："几百名学生，只有你一个人来了……暴风雨是一个筛子，胆子小的，思前想后的，都被它筛了下去，留下了最有胆识和最不怕吃苦的人。"这位老师的话给了女士很大的鼓励和自信。那一瞬，好似空中打了一个闪电，她的心被照得雪亮。

十几年后，这位女士成了文坛上一颗耀眼的明星。她回忆说："也许我不是学生当中最聪明的，但那晚的暴雨，让我知道了，我是学生中最有胆识和毅力的。从那以后，我就多了自信，一步步有了今天的成功。"

她就是著名作家毕淑敏。虽然当时毕淑敏还不完全清楚为什么自己会做那样的"傻事"，但在她竭尽全力去做的时候，就注定了她美好的未来。

无独有偶，曾经，在美国西雅图景岭学校的图书馆，图书管理员一直很头疼那些被读者放错位置的杂乱图书，那些图书有几十万

第九章 做三四月的事,在八九月自有答案

册,而且都需要整理。有一个普通的男孩,被老师推荐到学校图书馆去帮助管理员整理图书。但是看着眼前瘦小的男孩,管理员不相信他能做好这项工作,但管理员还是先给男孩讲了图书的分类,然后让他将读者放错位置的图书找出来并放回原处。小男孩欣然接受了工作,每个星期天,这个四年级的小男孩都准时地来整理图书。他像侦探一样,在书架的迷宫里穿来插去,寻找一本本放错位置的图书,然后将它们送回原处。不久,当管理员检查图书时,惊讶地发现,所有的图书都分门别类地整理好了,整整齐齐地待在它们该在的位置上。管理员问小男孩是如何办到的,小男孩自豪地说:"我尽了我最大的努力。"

这个男孩就是比尔·盖茨。

这就是竭尽全力做事的结果。在许多杰出人物的身上,总有优于或异于常人之处,但无疑他们都拥有一个共同点:即使要做的事情困难重重、希望渺茫,他们也会竭尽全力去做,而这就是幸运和成功的开始。

一天,猎人带着猎狗去打猎。猎人一枪击中一只兔子的后腿,受伤的兔子开始拼命地奔跑。

猎狗在猎人的指示下也是飞奔去追赶兔子。可是追着追着,兔子跑不见了,猎狗只好悻悻地回到猎人身边。

猎人开始骂猎狗:"你真没用,连一只受伤的兔子都追不到!"

猎狗听了很不服气地回道:"我尽力而为了呀!"

兔子带伤跑回洞里,它的兄弟们都围过来惊讶地问它:"那只猎狗很凶呀!你又带了伤,怎么跑得过它的?"

"它是尽力而为,我是全力以赴呀!它没追上我,最多挨一顿

向前进，困难尽处是成功

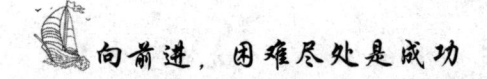

骂，而我若不全力地跑我就没命了呀！"

对任何一个人来说，都有未被开发的潜能，但是我们往往会对自己或对别人找借口："管它呢，我们已尽力而为了。"事实上尽力而为是远远不够的，尤其是现在这个竞争激烈的年代。我们要常常问自己，"我今天是尽力而为的猎狗，还是竭尽全力的兔子呢？"

竭尽全力去做事的确很累，但是当我们获得了成功的时候，就会觉得所有的努力都是值得的。

竭尽全力，是奋斗的目标，是指引命运之舟的灯塔；竭尽全力，是积极的心态，是打开成功之门的钥匙；竭尽全力，是巨大的潜能，是动力的源泉；竭尽全力，是开拓的精神，是积极进取的人生理念。

10

第十章　无论天空如何阴霾，太阳一直都在

　　累累的创伤，就是生命给你的最好的东西，因为在每个创伤上都标示着前进的一步。

——罗曼·罗兰

第十章　无论天空如何阴霾，太阳一直都在

触底反弹的奇迹，不过是挣扎着撑到最后一刻

晚上睡不着觉，躺在床上刷知乎，看到一个人问："你有过哪些触底反弹的经历？"这让我想起多年前一位学长对我讲过的话。

那时我刚上大四，刚刚着手准备考研，每天背书背得昏天黑地，但还是什么都记不住，着急的时候甚至死命去抓自己的头发来抑制愤怒。一位关系要好的已经成功"上岸"、彼时正在读研一的学长，为了开导我，给我讲了他备考时的经历。

他说，他复习的时候也一样什么都记不住，这很正常；甚至有些知识，明明已经记住了，过几天又会忘记，这也很正常。所谓"书读百遍，其义自见"，看一遍没记住，就再看一遍，还是没记住，那就再看一遍。其实，通过一遍一遍地看，一遍一遍地背，你以为自己没记住，但其实大脑已经对那些知识形成印象了。总有一天，会像打通了任督二脉一样，忽然一切都豁然开朗，你会发现那些知识已经全都在你脑子里了。很多人复习一段时间就放弃了，就是没坚持到"打通任督二脉"那个时间点。如果他们不放弃，继续读，继续背，可能再过一两个月就会忽然发现自己已经记住了书上的所有知识点。那些所谓的触底反弹，只不过是挣扎着坚持到了最后一刻。

这段话对我的影响很深，每当在工作上、生活上感觉已经艰难到

想要放弃的时候,我就告诉自己,再坚持一下,一定可以挺过去。

生活中,我们会发现有不少人在订计划之初,都是信誓旦旦,抱着"不达目标绝不终止"的念头,但是在进行的过程中,一旦遇到一点困难,便不再愿意前行,当初坚定不移的志向,早已抛至脑后,已经开始选择逃避了。有的人发觉目标有点远,还没施行就打退堂鼓。抱持着"不成功便放弃"观念的人,由于缺乏恒心,始终都不会成功。

不可否认,在拼搏的道路上,每个人都难免会遭遇困境。在漫长的困境中,也往往会产生恐慌和绝望,这时很多人往往失去坚持下去的勇气。而有的人面对困境却主张再坚持一下。成功者与失败者的差别往往就在这方面,坚持就成功,放弃就失败,就是这么简单。可以说,逆境是成长中所必须经历的,犹如一年四季中少不了寒冬和酷暑,因为不经历严寒和酷暑,万物就很难迎来生命的春华和秋实。

在一片茫茫的戈壁滩上,有两个探险者被困在了那里,因长时间缺水,他们的嘴唇裂开了一道道的血口。如果再这样走下去,迎接他们的将只有死亡!这时,其中年长一些的探险者从同伴手中拿过空水壶,郑重地说:"我去找水,你在这里等着我吧!"接着,他又从行囊中拿出一只手枪递给同伴,说:"这里有6颗子弹,每隔一个小时你就放一枪,这样当我找到水后就不会迷失方向,就可以循着枪声找到你。一定要记住啊!"

看着同伴点了点头,他才信心十足地蹒跚离去……

等待的时间漫长而难熬,这时枪膛里仅仅剩下最后一颗子弹,可找水的同伴还没有回来。"他一定被风沙湮没了或者找到水后撇下

第十章　无论天空如何阴霾，太阳一直都在

我一个人走了。"年纪小一些的探险者数着分秒，焦灼地等待着。

饥渴和恐惧伴随着绝望如潮水般地充盈了他的脑海，他仿佛嗅到了死亡的味道，感到死神正面目狰狞地向他紧逼过来……他扣动扳机，将最后一粒子弹射进了自己的脑袋，就这样结束了自己短暂的生命。

就在他的尸体轰然倒下的时候，同伴带着满满的两大壶水赶到了他的身边……

坚持下去就是胜利，正因为放弃了坚持，这个年纪小的探险者也同时放弃了自己宝贵的生命。如果再支持一下，那么他就有救了。从这个故事中，我们不难发现，要想胜利，就要坚持，这是唯一的出路。

"行百里者，半于九十。"长路跋涉的最后几步往往最为艰难，是最难以忍受的。恶劣条件下，我们必须有撑下去的信心，因为转机往往就在最后的坚持中才会出现。

这就像爬山一样，越是接近顶峰，就越要坚持，如果放弃，就永远无法俯视山下的美丽风景，就体会不到鸟瞰世界的成就感。同样，在百步冲刺中，最后的几步也同样需要我们再一次坚持下去，这个时候，往往是最困难的，此时我们更要为自己增加信心。在快到目标线时，我们坚持下去，以前的努力才不会白费。

遇到一切事情，尤其是在遇到困境时我们都必须有坚持、坚持，再坚持的勇气和耐力。坚持，是世界上最容易做的事，同时又是最难做的事。说它容易，是因为只要我们愿意去做，人人都能做到。说它难，是因为在这个过程中总会出现一些使我们信心和毅力动摇的事情，这就需要有极大的勇气和耐力，能够坚持到底的人终

向前进，困难尽处是成功

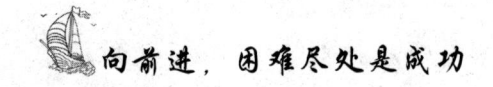

究是少数。

想想我们有过多少次只因没有坚持到底而失败的事例吧；想想有多少人就因为比我们多坚持了一分钟而取得了成功的事例吧。人生道路上，没有跨不过的通天河，没有过不去的火焰山，也没有熬不过的坎坷。生活中总会有困境，但它不会永远都是困境，只要我们充满信心，坚持下去，困难总会过去，光明总会到来。就像学长说的那样，所谓的触底反弹，不过是挣扎着撑到了最后一刻。

第十章　无论天空如何阴霾，太阳一直都在

与其抱怨身处黑暗，不如提灯前行

电视剧《觉醒年代》中，李大钊批判张丰载反对革命的封建思想时讲的一段话，让我印象深刻。他说："越是在民族危亡之时，就越应该唤起民众的觉悟，振作民族精神，而且要把共和的思想灌输给民众，则必须推翻封建的思想。逆历史潮流者，必被时代的洪流所淹没！"

当时的中国军阀混战，社会动荡不安，人民生活苦不堪言，有人抱怨身处黑暗，却坐以待毙；也有李大钊这样的人选择提灯前行，为中国寻找能够走向光明的出路。

其实，无论国家还是个人，都是如此。处在恶劣的环境中，与其抱怨身处黑暗，不如选择提灯前行。因为只有向前走，才有可能走得出困境，迎来光明。

现在有许多人，尤其是刚刚参加工作的青年，往往会对自己选择的工作不满意，常常抱怨单位的条件太差，埋没了自己的才华，整日感叹没有一个伯乐来赏识自己这匹"千里马"。

但是，仅仅抱怨是没有用的，只有努力提升自己，努力为自己争取机会，才有可能迎来事业的转机。

在加盟NBA的前六年，罗斯一直默默无闻，他先是效力于"烂

向前进，困难尽处是成功

队"掘金，后又转入步行者。在步行者的头两年他的日子一点都不好过，他得不到教练布朗的赏识，时常被晾在替补席上。

"记得曾有一个赛季，连续14场没让我上阵，而当时我身上根本没伤。"说起那段痛苦的经历，罗斯至今感到心寒，但他认为这让他学会了很多，尤其是让他学会了忍耐，使他更加明白什么是值得更加去珍惜的。

直到伯德到步行者执教，才给罗斯带来了转机。罗斯在密歇根大学打球时，伯德曾看过他打球，当时就觉得他很有打球的能力。所以伯德到步行者对罗斯说的第一句话就是："我相信你有天赋，我会重用你。"伯德的话给了罗斯极大的信心，他勤学苦练，技巧得到了提高，并很快被列入首发阵容，成为步行者的中流砥柱。

在一次总决赛的比赛中，罗斯更是表现不俗。在前五场比赛中，他发挥正常，平均每场得分达到了22分。尤其是在第五场比赛中罗斯更是独领风骚，一人揽下了32分，成为步行者的得分王。"罗斯一直是我最欣赏的队员之一，"伯德赛后说，"他的成功归功于他的踏实和努力。"

尚未获得赏识的时候，罗斯没有抱怨，而是默默努力训练，提升自己的球技，这才有了后来伯德对他的重用。

我们试想一下，如果当初罗斯因为迟迟无法获得上场机会就怨天尤人，不认真训练，那么最终的结果一定是球技下滑，甚至被解约。

身处黑暗的时候，比起抱怨，更应该做的是行动起来，找到一条光明的出路。

第十章　无论天空如何阴霾，太阳一直都在

总有一段路，要一边哭着一边走完

曾经有人问过我，为什么我说起自己的朋友和同学，全都是积极乐观、勤奋上进的好青年，难道我周围的人全都那么优秀吗？

我听得出问话者的弦外之音。

不是有那么句话吗，每个人都处于自己社交圈子的中位数水平。任何人的身边都会有优秀的人，当然也会有不那么优秀的人。只不过，我更愿意把美好的人和事讲给大家听，而隐去了那些底色灰暗的故事。

小惠是我的大学同学，她的家乡在贵州一个小山村，她是她们村考出来的第一个女大学生。直到这里，听起来还是很励志对不对？别急，听我往下说。

大学毕业，小惠通过校招进入一家国内知名大公司。然而不到三个月，她适应不了严肃紧张的工作氛围，更觉得与一众名牌加身、动辄展示"凡尔赛文化"的"Office Lady"（办公室女郎）格格不入，于是她选择了辞职。

辞职后，她转投一家员工不足二十人的创业公司，做的是鹤立鸡群的打算。毕竟，名牌大学毕业，知名公司从业背景，在面试的时候还是让人高看一眼的。然而这次只干了一个月，她就辞职了。原因是她工作经验不足，工作中频频出错。这原本不是什么大事，

向前进，困难尽处是成功

刚入社会，谁都经历过这些，只要沉下心来做一年，基本的工作技能都可以学会。但她对前辈的批评指教心存不服，觉得大家是因为嫉妒她，所以排挤她，故愤而辞职。

这次辞职后，她干什么去了呢？一般人都想不到——她回老家了。对，就是那个当初她千辛万苦考上大学离开的贵州山区。因为她觉得，以她的学历，如果回乡嫁人，必定"秒杀"那些初中都没毕业的乡下姑娘，一定能找到一个经济条件好的男士嫁出去。然而她忘了，此时她已经25岁了，在家乡已经属于嫁不出去的老姑娘。最后，经过媒人介绍，她嫁了一位30多岁的男人。男人是跑运输的，经济条件还可以，但一年起码有10个月的时间不在家。

她原想着这样的生活也不错，两人之间虽然没有所谓的爱情，也不是特别富裕，但是至少老公能养家，她只需要在家做简单的家务，余下时间就跟邻居家的嫂子大娘们嗑瓜子、打麻将。

然而好日子没过两年，老公在一次运输途中出了车祸，双腿截肢。虽然命保住了，但后半辈子的生计成了问题。

小惠仿佛天塌了一样，日日以泪洗面。

这时如果她回到城里找工作，虽然辛苦些，但是至少也能撑起这个家。但是她没有。几个月后，她选择了离婚，把残疾的丈夫留给公婆照料，她带着刚满1岁的儿子改嫁了。

她的二婚丈夫，前妻难产离世，留下三个女儿。这个男人看上去老实巴交，对她和孩子也很好，但是唯有一个心愿，就是让她再生个男孩。

结婚四个月她就怀孕了，转年生了个女孩。男人一脸的不高兴。

再次怀孕，不足三个月的时候，在一次洗衣服的时候她不慎摔了一跤，流产了。

第十章 无论天空如何阴霾，太阳一直都在

第三次怀孕，又生个女孩。

丈夫气得跳脚，骂道："你能给别人生儿子，怎么就不能给我生？要不是看你之前生出过儿子，我才不娶你！"

小惠打电话跟我哭诉这些的时候，还在月子里，刚刚被醉酒后的丈夫扇了几个耳光。我劝她出来工作，离开那个愚昧落后的环境，但她说，她有三个孩子需要照顾。

后来，我们很长时间没有再联系。如今，她是不是还留在那个小山村，有没有生出儿子，有没有再挨打，我不知道，也不敢问。

如果时间能倒退回刚毕业的时候，她没有从那家大公司辞职，而是坚持下去，现在也该是行业翘楚了吧？如果她在第二份工作中，能够不那么"玻璃心"，虚心接受前辈的批评指教，现在也该在公司站稳脚跟了吧？退一万步讲，如果她在婚后重返职场，靠自己赚钱养活家庭，最起码不用变成后来的"生孩子机器"。

人生总有一段路要一边哭着一边走完。如果在大公司觉得钩心斗角太辛苦，就退回到小公司；在小公司又嫌工作繁重琐碎，退回到家庭；结果发现自己也承担不了家庭重担，最后就只能像小惠这样，无路可退。

有人选择一边流着眼泪一边拼搏，最后总有苦尽甘来的一天。而有的人一直退缩，一直逃避，最后就只能在人生这条漫长的旅途中哭着走下去，不知哪一天是尽头，或者说永无尽头。

在键盘上敲下这些字的时候，我的腰上正贴着三张止疼膏药。腰椎间盘突出发作，放射性疼痛如遭蚂蚁啃食。但是我不能后退啊，我上有老下有小，中间有房贷车贷，就算再艰难也得挺过去。

我也会哭，但我不会让人看见，也不会停下脚步。希望你们也是。

向前进，困难尽处是成功

就算穷途末路，也不能认输

曾经在《读者》杂志上看到过一个惊心动魄的故事：

罗伯特和妻子玛丽经过千难万险终于攀到了山顶。站在山顶上极目眺望，远处城市中白色的楼群在阳光下变成一幅画。仰头，蓝天白云，柔风轻吹。两个人高兴得像孩子，手舞足蹈，忘乎所以。

对于终日劳碌的他俩来说，这真是一次难得的旅行。

乐极生悲正是从这个时候开始的。

罗伯特忽然一脚踩空，高大的身躯打了个趔趄，随即向万丈深渊滑去。周围是陡峭的山石，没有可以抓的地方。

短短的一瞬，玛丽就明白发生了什么事情，下意识地，她一口咬住了丈夫的上衣，当时她正蹲在地上拍摄远处的风景。同时，她也被惯性带向悬崖边，在这紧要关头，她抱住了悬崖边的一棵树。

罗伯特悬在空中，玛丽牙关紧咬，你能相信吗？两排洁白细碎的牙齿承担了一个高大魁梧的身体的全部重量。

他们像一幅画，定格在蓝天白云大山峭石之间。玛丽的长发像一面旗帜，在风中飘扬。

玛丽不能张口呼救，一个小时后，过往的游客救了他们。而这时的玛丽，美丽的牙齿和嘴唇早被血染成了鲜红色。

第十章　无论天空如何阴霾，太阳一直都在

有人问玛丽为何能坚持那么长时间，玛丽回答："当时，我头脑里只有一个念头：我一松口，罗伯特肯定会死。"

几天之后，《死神也怕咬紧牙关》的故事像长了翅膀一样飞遍了世界各地。

生活中，我们都曾遭遇过各种各样的不幸，或许我们暂时无力走出低谷，但只要坚持下去，咬紧牙关不放弃，就终会迎来转机。

就算穷途末路，我们也不能认输。只要不认输，就永远都有翻盘的机会。

希拉斯·菲尔德先生退休的时候已经积攒了一大笔钱，然而这时他突发奇想，要在大西洋的海底铺设一条连接欧洲和美国的电缆。

随后，他就全身心地开始推动这项事业。

前期基础性的工作包括建造一条从纽约到纽芬兰圣约翰1000英里长的电报线路。

纽芬兰400英里长的电报线路要从人迹罕至的森林中穿过，所以，要完成这项工作不仅包括建一条电报线路，还包括建同样长的公路。此外，还包括穿越布雷顿角全岛共440英里长的线路，再加上铺设跨越圣劳伦斯海峡的电缆，整个工程十分浩大，难度极高。

菲尔德没有被这一切困难所吓倒，他使尽浑身解数，坚持从事这项工作。

1866年7月13日，新一轮试验又开始了，这次终于顺利接通，并发出了第一份横跨大西洋的电报！

电报内容是："7月27日。我们晚上9点到达目的地，一切顺利。电缆都铺好了，运行完全正常。希拉斯·菲尔德。"

向前进，困难尽处是成功

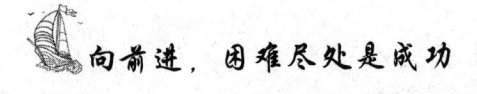

不久以后，原先那条落入海底的电缆被打捞上来，重新接上，一直连到纽芬兰。现在，这两条电缆线路仍然在使用，而且再用几十年也不成问题。

正是不肯认输的精神，支撑着菲尔德战胜了一个又一个挫折，最终成就了非凡的事业。

就算到了穷途末路，我们也不能认输，可能下一个转角处就有柳暗花明等着我们。来日方长，万事皆可期待，只要不认输就有希望。

第十章　无论天空如何阴霾，太阳一直都在

可以被打倒，但不能被打败

看过拳击比赛的人都知道，赛场上有这样一条规定：被打倒以后，只要十秒钟之内能爬起来，就可以继续比赛；如果爬不起来，就判对手赢。

这是一条很有意思的规定，就像我们的人生，可以被生活打得鼻青脸肿，但是只要我们还有勇气、有力量重新站立起来，就拥有了重新获胜的可能。

在困难与挫折面前，我们可以被打倒，但不能倒地不起。

拳击赛场上，倒地不起输的只是一场比赛；但人生的赛场上，若是倒地不起，输掉的就是自己的整个后半生。

海明威的《老人与海》是我百读不厌的一本经典，其中圣地亚哥说的一句话更是陪伴我走过人生的至暗时刻："一个人并不是生来要被打败的，你尽可以把他消灭掉，可就是打不败他。"

在大山深处的一个村寨里，住着一位以砍柴为生的樵夫。樵夫的房子很破败，为了拥有一所亮堂的房子，樵夫每天早出晚归。五年之后，他终于盖了一所比较满意的房子。

有一天，这个樵夫从集市上卖完柴回家，发现自己的房子火光冲天。他的房子失火了，左邻右舍正在帮忙救火。但火借风势，越

向前进，困难尽处是成功

烧越旺。最后，大家终于无能为力，放弃了救火。

大火将樵夫的房子化为灰烬。

在袅袅的余烟中，樵夫手拿一根棍子，在废墟中仔细翻寻。围观的邻居以为他在找藏在屋里的值钱物件，好奇地在一旁注视着他的举动。

过了半晌，樵夫终于兴奋地叫道："找到了！找到了！"

邻人纷纷向前一探究竟，只见樵夫手里捧着的是一把没有木把的斧头。樵夫大声地说："只要有这把斧头，我就可以再建造一个家。"

当一切已经化为灰烬，只要我们的梦想还在，激情还在，斗志还在，又有什么值得过度悲伤与气馁的呢？

与其终日痛哭悔恨，不如放眼未来，从头再来。我们每个人都不会真正输得精光。当无情的大火吞噬了我们的一切时，别忘了我们还有一把斧头，即使没有斧头，我们还有双手，还有智慧。我们可以从头再来！

记得高考结束后的那个夏天，我的一位好朋友失联了整整一个月。电话关机，家里没人。

她并不是没有考上大学，我从学校公布在墙上的录取榜单中看到了她被一所二本院校录取——当然，这肯定是跟她的志向相距甚远的。

她并不十分聪明，平时的成绩只能算中上，考上这个学校也在意料之中，按理说不至于失意至此。

终于联系上她，是在我即将离家去大学报到的前几天。

她找到我，聊了这一个月的经历。

原来，她带着书去乡下的奶奶家复习功课了。她准备复读。

第十章　无论天空如何阴霾，太阳一直都在

我惊讶于她的选择，毕竟，以她一直以来的成绩，考到这所大学不算发挥失常；而且复读一年，变数太多，万一明年考试难度加大，成绩更差怎么办？

虽然明知道复读生要面临怎样的压力，她还是坚持要复读。

第二年，她如愿考上了心仪的大学。我不知道那整整一年她的经历是怎样的，但想必不会轻松愉快。

但至少结果是好的，一切都值得。

大学毕业后，她再一次经历了考研落榜——连续三年落榜。

在过去的同学朋友都已经走上工作岗位，或走入更高学府的时候，她依然在艰难地复习、复习，再复习。

那段时间她压力很大，头发一把一把地掉。

二十六七岁的人，前途一片昏暗，完全看不到曙光在哪里；同龄的伙伴要么已经工作，要么已经升学，而她既没有收入，也不知道什么时候才能考上研究生，父母给的零花钱都不好意思伸手去接。

第四年的时候，她终于顶不住压力，去参加了公考，考上了一个事业单位，入职工作，一切顺利。

我以为她终于肯向生活妥协了。

但是又过了一年，她竟然去考了在职研究生。

虽然单证与双证大有区别，但这毕竟是她的梦想，虽然没有完满地实现，但已经尽她所能做到了最好。

当生活一次一次给我们打击，企图毁灭我们的梦想，只要我们倒下之后还能咬牙站起来，就不是一个失败者。

也许正是因为摔倒后能够再次站起来，67岁的大发明家爱迪生才会踩在百万资产的废墟上，面对被大火烧毁的研制工厂，乐观地说："现在，我们又重新开始了。"

向前进，困难尽处是成功

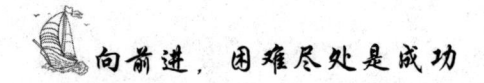

歌德说："苦难一经过去就变成甘美。"

倒地以后迅速站起，我们会记得之前为什么摔倒，什么地方犯了错，下次改正就不会再次跌倒。人正是在这种不断跌倒又不断爬起的过程中慢慢成长起来，从跌跌撞撞到步履坚实。

我们可以被打倒，但不能被打败。

我们可以被厄运捆绑，但不能投降。

我们可以身负累累重伤，但要知道，站起来，走下去，才有希望。

11
第十一章　流年笑掷，未来可期

黑夜无论怎样悠长，白昼总会到来。

——莎士比亚

第十一章　流年笑掷，未来可期

凡是过往，皆为序章

一天下班后，在车站等车的空当，我随手接过一张房产宣传单，就这样认识了小樱。

她很瘦弱，戴着一副金丝眼镜，看起来斯斯文文，与印象中外向健谈的销售员并不一样。数次咨询，她都耐心解答。虽然最后我并没有买那个楼盘的房子，但她说，我是她遇到过的最有礼貌的客户，非常感谢我对她的尊重。

她告诉我，她以前在事业单位工作，但是由于先生工作调动到外省，她便辞去工作，跟随了去。不想三年以后，先生又被单位调回本市，她只得又随同回来。只是这一来一回间，她原本的"铁饭碗"消失不见了。以前工作体面，而现在则经常遭遇白眼。好在她天性乐观，能够经常给自己打打气；遇到客户责难，最多委屈几分钟，平复好情绪，继续春风满面地联络下一位客户。

"有没有后悔当初辞职？"我问。

"当时他的工作更好，所以只能是我辞职，没有别的选择。"她笑笑说，"凡是过往，皆为序章。后悔也没用，还是要多想想以后的路怎么走。"

"凡是过往，皆为序章"，说得多好。这是莎士比亚的剧作《暴风雨》中第二幕的第一场，原文是"What's past is prologue"。

向前进，困难尽处是成功

过去的一切并没有多重要，人生的大幕才刚刚拉开，未来还有无尽的可能，只要努力，依然能够获得灿烂的前程。

19世纪中期，美国西部曾经掀起一股淘金热潮，大做"淘金梦"的人从世界各地汇聚到此，一个名叫李维·斯特劳斯的德国人也千里迢迢跑到加利福尼亚州试运气。但是，李维·斯特劳斯的运气似乎相当差，尽管拼命淘金，几个月下来却没有任何收获，他懊恼地认为自己和金子没缘分，准备离开加州到别地另谋生路。

就在他万分沮丧之际，猛然发现一个现象，那就是所有淘金客的裤子由于长期磨损而破旧不堪，于是，他灵机一动："并不是非得靠淘金才能发财致富，卖裤子也行啊！"

李维·斯特劳斯立即将剩下的钱买了一批褐色的帆布，然后裁制成一条条坚固耐用的裤子，卖给当地的淘金客，这就是世界上的第一批牛仔裤。

后来，李维·斯特劳斯又细心地将牛仔裤的质料、颜色加以改变，缔造了风行全世界的"李维斯牛仔裤"。

倘若我们所选择的淘金之路走到了尽头，梦想破灭了，千万不要过度失望，更不要沉浸于失败的痛苦中无法自拔。我们应该把失败当作"幸运的开端"。赶快树立新的目标，打起精神再次上路。如此，才能在其他领域获得最后的胜利。

著名漫画家罗勃·李普年轻时热衷体育运动，最大的梦想就是成为大联盟职业棒球明星。可是，当他如愿以偿跻身大联盟时，第一次正式出赛就摔断了右手臂，从此与棒球绝缘。

第十一章　流年笑掷，未来可期

对罗勃·李普来说，这无疑是人生最残酷的打击。然而，他很快就摆脱了失败的噩梦，转而学习运动漫画，弥补自己的缺憾。罗勃·李普抱着不能成为棒球明星，就在报纸上画运动漫画的决心，最后终于成为一流的漫画家。他的"信不信由你"的漫画专栏风靡了全球。

后来，罗勃·李普常常告诉朋友，自己在第一场比赛就摔断右手臂，不是"悲惨的结局"而是"幸运的开端"。

当我们在人生旅途上尝到失败的苦果，千万不要就此意志消沉，一蹶不振，应该更加努力，勉励自己乐观豁达。那些让我们跌倒的绊脚石，也可能变成我们迈向成功的垫脚石，主要看我们遭遇失败挫折之后如何面对往后的人生。

过去的已经过去，未来的正在开启，每一天都是一个崭新的篇章，只要努力，就能书写出美好的未来。

向前进,困难尽处是成功

乾坤未定,你我皆是黑马

近两年,我和过去的同学朋友联系似乎越来越少,并不是真的忙到没时间联络,而是见面后没有什么话好讲。

除了聊聊过去一同经历过的事情,就只能各自低头玩手机。

到了我们这个年纪,生活大都已经稳定。以前的朋友们大部分在结婚生子以后做起了家庭主妇,每日的工作就是照顾一家老小的饮食起居,打扫卫生、上街买菜、洗衣做饭,闲时追追电视剧,跟邻居聊聊家常。整个人已经与家庭融为一体,没有了自己的理想,没有了自己的人生追求,甚至连自己的朋友都很少。她们无一例外地被叫作"某太太"。

她们不再读书,觉得累眼睛、费脑子、犯困。

她们不再保持身材,每天嚷着减肥,却绝不放弃任何一口美食。

她们不再考虑提升自己,因为家庭主妇的从业技能她们早已驾轻就熟。

她们觉得自己这辈子就这样了,挂在嘴边的话是:"都这岁数了……"

别以为这是四五十岁的中年妇女,其实她们不过三十岁出头。

这些全职太太是伟大的,她们为家庭付出了自己的全部心血;但是全职太太也是可悲的,她们早早放弃了自己的人生,刚刚三十

第十一章　流年笑掷，未来可期

几岁就没有了自己的梦想，没有了对未来的憧憬。

但是余生漫长，我们都应该抱有期望；乾坤未定，你我皆有可能是黑马。

不要早早地安于现状，放弃努力。人生有各种各样的可能，只有不断开掘一个又一个宝藏，我们才能找到更精彩的自己。

这个世界上有许多人一辈子都一事无成，原因就是他们都太容易满足了！找到一份稳定的工作，终其一生总是拿那么一点点薪水，每天总是做着同样的事情，一直到生命结束。

而他们竟以为人的一生所能获得的东西就只有这么多了。这便是他们的人生显得苍白的原因。

诺思克利夫爵士最初的收入微薄，因为对自己的处境极度不满，于是发奋努力，最后成了伦敦《泰晤士报》的大老板。

即便这样，他仍没有满足，利用《泰晤士报》揭露了官僚政府的腐败，提高了不少国家机关的办事效率。

有一次，他与一位从未见过面的助理编辑聊天。

在交谈过程中，他了解到这个助理编辑在这里工作已有3个月了，并非常喜爱这份工作。他问助理编辑的薪水有多少，是否满意，助理编辑点点头。

但他说道："你要知道，我可不希望我的职工一星期拿了5英镑就满足了。"

拿破仑说过的一句话："不想当将军的士兵，不是一个好士兵！"这句话我认为是非常正确的，因为好士兵都想当将军，即便不是每个人最终都能当上将军，但至少他们每个人都曾有过这样的

向前进，困难尽处是成功

梦想和激情。

梦想和激情，就是赢的激情，只要拥有赢的激情，就拥有了人生的动力。

因为，在人生的道路上，一个人一旦自我满足、安于现状，就很容易止步不前。这样不但不会有太大的成就，还有可能导致我们碌碌无为地虚度一生。

"不满足是向上的车轮。"这是鲁迅先生的名言。

是呀，一个人唯有"不满足"，方有动力不断向上。正如鲁迅先生说的那样，他在做任何事情的时候，从不轻易满足，总是不知疲倦地像车轮那样不断向上。

当然，所有在事业上有成就的人，都有着这样一颗"不满足"的心。

伟大发明家爱迪生，自身就有三百多项发明专利权。当他功绩累累时，仍在实验室做实验。

巴西足球名将贝利在足坛初露锋芒时，一个记者问他："你哪一个球踢得最好？"他毫不犹豫地回答："下一个！"而当他在足坛叱咤风云，已成为世界著名球王，踢进了1000多个球后，记者问道："你哪一个球踢得最好？"他依旧回答："下一个！"

放眼当今社会，这是一个竞争的时代，不折不挠、力争上游才是这个时代的主旋律。百帆争渡，万马齐喑，不想当将军的士兵没有人会相信你是一个好士兵！

"王侯将相宁有种乎？"答案无疑是否定的，那么，这足以表明，我们亦可成为"王侯""将相"。

不想当将军的士兵不是好士兵。当然，我们切不可以空想，在时机和条件成熟的时候，把想"当将军"的这个梦付诸实践，或者

第十一章　流年笑掷，未来可期

说大胆去表白，这是实力的象征，是自信的象征，更是对自我的高度认可和肯定。

很多时候，想"当将军"是一个强者的表现，是对自我的一种合理肯定与评审，更是知难而上的决心和动力。

当然，想"当将军"要从自我的"想"出发，"想"是"当将军"的前提。如果连"想"都不敢想，又如何能够成为一个好将军或好士兵呢？

在这个时代想成就自己事业，先必须有想"当将军"的决心。而后沿着"想"的这一缕构思去发挥，才是一条慢慢通往成功之路的小径。

乾坤未定，你我皆是黑马，不要早早放弃梦想、放弃努力。

命运早已为我们的人生埋下许许多多的彩蛋，但是需要我们自己去努力挖掘。不经过努力，我们不会知道自己的人生将会多么精彩。

人的生命只有一次，与其虚度年华、碌碌无为，不如拼尽全力，创出自己的一片天地。

要努力呀，为了想要的生活

有一个朋友在大学当老师，有一天我们约好一起吃午饭，我提前去她上课的教室等她。

读过大学的人都知道，大学里不像小学和中学那样，每个人都有老师安排好的固定座位。在大学里，每一堂课可能会去不同的教室，有的时候还会和其他班级的学生一起上大课，座位也都是自己随意选择，喜欢坐哪里就坐哪里。

所以同学们往往喜欢提前几分钟去教室占座。当然，有的学生喜欢坐前排的座位，有的学生却偏偏喜欢坐后排的座位。并且，主动去后排占座的人特别多。

那天，我就见到了这样一种景象：第一排坐满了学生，第二排至第四排都空着，而教室末尾的最后几排却挤满了人。

这个状态和我读大学的时候一模一样。

选择坐在第一排的，自然是勤奋努力的学生；而躲在后面的，大多数是到大学里混日子、只求毕业证的学生。

选择不同座位的结果，在四年的大学毕业之后立刻就能看出分晓：主动坐在前排的学生，大多选择了考研升学，坐在后面的学生则涌入就业市场。

他们的人生也就此划下分水岭。考研的学生，往往有更好的前

第十一章　流年笑掷，未来可期

途，有的进了大公司，有的留校任教，有的继续考博；而勉强毕业的学生，大多数要面对激烈的职业竞争环境，从工资较低的基层工作做起，升职也是比较困难。

人生早期的选择不同，后面的十几年发展自然差距越来越大。努力的人越走越高，不努力的人只能原地打转。

爬过山的人都知道，在山脚下和山腰处是没有什么美妙风景的，而且山路狭窄，人又多又拥挤；但是到了山顶处，眼前豁然开朗，可以欣赏云蒸霞蔚，眺望大好河山，周围也没有那么拥挤，可以舒展身心。

半山腰总是最拥挤的，我们要去山顶看看。只有努力爬上山顶，我们才能见到一个不一样的世界。

20世纪30年代，在英国一个不出名的小城里，有一个叫玛格丽特的小姑娘。

玛格丽特自小就受到严格的家庭教育，父亲经常向她灌输这样的观点：无论做什么事情都要力争一流，永远走在别人前面，而不落后于人，"即使坐公共汽车时，你也要坐在前排"。父亲从来不允许她说"我不行"。

对年幼的孩子来说，父亲的要求可能太高了，但他的教育在以后的年月里被证明是非常宝贵的。

正是因为从小就受到父亲的"残酷"教育，才培养了玛格丽特积极向上的决心和信心。无论是学习、生活还是工作，她都时时牢记父亲的教导，总是抱着一往无前的精神和必胜的信念，克服一切困难。

玛格丽特上大学时，考试科目中的拉丁文课程要求五年学完，

向前进，困难尽处是成功

可她凭着自己顽强的毅力，在一年内全部完成了。

其实，玛格丽特不光学业上出类拔萃，在体育、音乐、演讲及其他活动方面也都名列前茅。

当年她所在学校的校长评价她说："玛格丽特无疑是我们建校以来优秀的学生之一，她总是雄心勃勃，每件事情都做得很出色。"

正是因为如此，四十多年以后，英国乃至整个欧洲政坛上才出现了一颗耀眼的明星，她就是于1979年成为英国第一位女首相，雄踞政坛长达11年之久，被世界媒体誉为"铁娘子"的玛格丽特·撒切尔夫人。

我们生活中的很多人是不喜欢拔尖的，上学时成绩平平，不好不坏；工作后业绩平平，不立功也不犯错；收入普普通通，不能大富大贵但也能吃饱穿暖——这就是社会中的大多数，也是生活中的你我他。

这样平平淡淡的生活并不是不好，只是错过了更美好的风景有些可惜。原本努力一下可以爬到山顶，却只停留在半山腰定居下来。

不付出努力，就永远只能在山腰，甚至山脚下，仰望别人越走越高的背影；不付出努力，就永远不知道更美好的生活是什么样子，不会看到阿拉斯加的鳕鱼是如何跃出水面，不会听见太平洋彼岸的海鸥振翅掠过城市上空，也无缘见到北极圈上的夜空散漫的五彩斑斓；读不懂古今中外的著作，听不懂丝竹管弦，也欣赏不出蒙娜丽莎的微笑到底美在哪里。

如果我们不努力，就只能活得像个蝼蚁。只有走得高一点，再高一点，才能有更精彩的人生，遇见更美好的自己。

那么，让我们各自努力吧！

希望在最高处，我们彼此遇见。

第十一章　流年笑掷，未来可期

没有人一帆风顺，但无论何时都要向前看

松下幸之助曾说过一句话："永远都不要绝望，如果做不到这一点的话，那就抱着绝望的心情去努力。"这话的意思很像"屡败屡战"精神。正所谓，"对于精神不松懈、眼光不游移、思想不走神的人，成功不在话下"。

生下来就一贫如洗的林肯，终其一生都在面对挫败：经历了数次参选失败，两次经商失败，甚至还精神崩溃过一次。有好多次他本可以放弃，但并没有如此，也正因为他没有放弃，才成为伟大的人物。

林肯说："此路破败不堪又容易滑倒。我一只脚滑了一跤，另一只脚也因而站不稳，但我回过气来告诉自己，'这不过是滑一跤，并不是死掉爬不起来了'。"

俗话说："置之死地而后生。"即使是身处"死地"，只要抱着破釜沉舟的决心，也能绝地逢生。

1948年，牛津大学举办了一个"成功秘诀"讲座，邀请到了当时声名显赫的丘吉尔来演讲。三个月前媒体就开始炒作，各界人士也都引颈等待，翘首以盼。

这一天终于到来了，会场上人山人海，水泄不通，各大新闻机

向前进，困难尽处是成功

构都到齐了。人们准备洗耳恭听这位政治家、外交家的成功秘诀。

丘吉尔用手势止住雷动的掌声后，说："我的成功秘诀有三个：第一是，绝不放弃；第二是，绝不、绝不放弃；第三是，绝不、绝不、绝不能放弃！我的讲演结束了。"

说完，就走下讲台。

会场上沉寂了一分钟后，才爆发出热烈的掌声，经久不息。

没有失败，只有放弃。没有人会一帆风顺，但是只要一直朝着目标努力，终有一天可以到达。正如乔治·马萨森所说："我们获胜不是靠辉煌的方式，而是靠不断努力。"

在马拉松长跑中，最初参加竞赛的人可以说成千上万。但是跑出一段路程之后，参赛的人便渐渐少起来。原因是坚持不下去的人，逐步自我淘汰了，而且越到后面人越少，全程都跑完能够冲刺的人更少，奖牌实际上就是在坚持到最后的这些人当中产生。

马拉松竞赛，与其说是比速度，不如说是拼耐力，也就是看谁能坚持到最后。

"锲而不舍，金石可镂，锲而舍之，朽木难雕"。水滴尚且能穿石，我们若能以恒心与毅力去做一件事，又有什么不能够做到的呢？

许多人做事之初都能保持较佳的精神状态，在这个阶段，平庸之辈与杰出人才对事情的态度几乎没有差别。然而往往到最后一刻，杰出人士与平庸之辈便各自显现出来了，前者坚持到胜利，后者则丧失信心，放弃了努力，于是他们便有了不同的结局。

许多平庸者的悲剧，就在于被前进道路上的迷雾遮住了眼睛，他们不懂得忍耐一下，再跨前一步，就会豁然开朗。一个人想干成任何大事，就必须坚持下去，只有坚持下去才能取得成功。

第十一章　流年笑掷，未来可期

在可口可乐公司创立不久，创始人阿萨·坎德勒就遭受到了来自四面八方的攻击。

有一个医生说，他的病人由于喝可口可乐死亡，他要求议会禁止可口可乐的生产和销售。还有许多人认为，可口可乐是一种兴奋剂，含有对人体有害的物质。于是，一位联邦官员下令查封了可口可乐公司的一批货，并坚持要求将可口可乐中的这些物质去掉。这位联邦官员还不依不饶地将阿萨的可口可乐公司告上了法庭，以期使这家饮料公司屈服。

但是阿萨·坎德勒一向不肯认输，他请自己的弟弟担任辩护律师，与政府展开了长达七年的官司大战。虽然一审结果可口可乐获胜，但是直到1918年，政府与可口可乐公司才在庭外和解。

连享誉全球的可口可乐公司，在成立之初都遭遇过如此大的波折，更遑论个人呢？

生活中，任何人在向理想目标前进的过程中，都难免会遭遇到各种阻力和困难，在这种情况下，我们要学会坚持，这样我们才会享受到成功后的欢乐。

宋朝诗人杨万里有诗曰：
莫言下岭便无难，赚得行人错喜欢。
政入万山圈子里，一山放出一山拦。

人在奋斗的过程中，由于各方面条件的限制，必然困难重重，也会存在种种干扰。这些困难干扰就像一座座山阻碍在我们前进的道路上，但是我们不应被吓倒，只有坚持到底才能获得最后的胜利。

要做生活的强者，首先要做精神上的强者，做一个坚忍不拔、威武不屈的人。在我们面临绝境无法摆脱时，在我们气喘吁吁甚至

向前进,困难尽处是成功

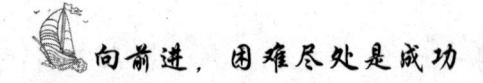

精疲力竭时,只要再坚持一下,奋力拼搏一下,就会战胜困难。生活中,没有人会一帆风顺,但是无论何时我们都要向前看,要相信成功就在不远的前方。

向前看,不计较昨天的坎坷困苦。

向前看,不在意身上的累累伤痕。

向前看,迎着希望前进。

向前看,终将抵达成功的彼岸!

第十一章　流年笑掷，未来可期

比山高的是人，比路长的是脚

很小的时候，我读过汪国真的诗集，记得有一首《山高路远》，其中一句让我记忆犹新："没有比脚更长的路，没有比人更高的山。"

威廉·波音是一个经销木材和家具的商人。在他观看了一场飞机特技表演后，就迷上了飞机。于是，他决定前往洛杉矶学习飞行技术。但是，他买不起飞机，他的年龄也限制了他成为飞行员的可能，学会驾机技术有什么用呢？看来，要满足驾机遨游长空的愿望，只能自己制造飞机。威廉冒出了如此大胆的想法。

通过各方面的学习，波音逐步了解了飞机的结构和性能。有了一定的准备之后，他开始找人合作，共同制造飞机。

那时候，他们不但没有工厂，甚至连一个受过专门训练的制造工人也找不到。威廉只好动员他那家木材公司的木匠、家具师和仅有的三名钳工进行组装——这简直形同儿戏，飞机怎么可能在这样的情况下制造出来？

但不可思议的是，他们真的将飞机制造出来了。这是一架水上飞机，威廉亲自驾着它进行试飞，并且取得了成功。威廉的信心高涨，他索性将木材公司改成飞机制造公司，专心研制飞机。

威廉·波音虽然曾是耶鲁大学的学生，但他未毕业就离校了。

向前进，困难尽处是成功

这个中途辍学从事木材生意的人，居然试图和一些木匠造飞机，真是胆大妄为！然而，正是这个胆大妄为的家伙，成就了波音公司的辉煌巨业。现在，全世界每天都有数千架波音公司生产的飞机在蓝天上翱翔。

威廉·波音的故事告诉我们：我们可以做到任何事，只要我们把焦点放在"如何去做"，而不是总想着"这是办不到的"。

在我刚上学的时候，语文老师就告诉我：坚持就是胜利。她用很多的例子教诲我，其中一个例子就是一个挖井人一连挖了几口井，都没有坚持到最后，挖到一半便放弃了，他说：这口井没有水。其实水就在下面，再多挖几下就能看到，但挖井人没有持之以恒的决心。

生命犹如一场马拉松竞赛，最大的对手不是别人，而是你自己。在向事业迈进的旅程中，唯有靠坚定不移的恒心，持续不断的毅力，你才能成为一个真正的成功者。

如果通往成功的电梯出了故障，请你走楼梯，一步一步上。只要还有楼梯，或是梯子，通往你想去的地方，电梯有没有故障都是无关紧要的事了，重要的是你不断地一步一步往上爬。

假使在途中遇上了麻烦或阻碍，你应该去面对它、解决它，然后再继续前进，这样问题才不会越积越多。同时，当你解决了一个问题，其他问题有时也会自动消失了。时间能消除许多问题，只要坚持到底，只要不放弃，就很快会拨云见日，遇见成功。你会发现自己有了很大的转变，干劲增强了，自信心也提高了，你还会感到一种前所未有的快活。

当你一步步向上爬时，千万别对自己说"不"，因为"不"会导致你的决心动摇，让你放弃目标，从而原路返回，前功尽弃。